半導体の高次元化技術

貫通電極による 3D/2.5D/2.1D 実装

Sei-ichi Denda
傳田 精一 著

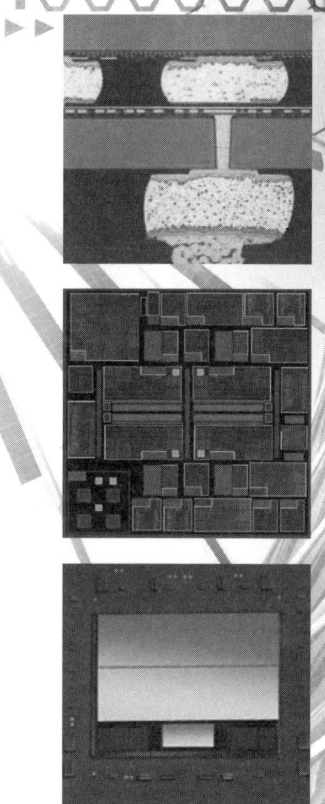

東京電機大学出版局

まえがき

　半導体チップは表面のみに電子回路と接続用電極を持つという従来の平面的(2次元的)構造から脱却して，チップの表面と裏面を貫通して電極を作り，表裏に電極を持つために立体的(3次元的：3D)にチップを集積できる，Si貫通電極(Through Silicon Via：TSV)が重要な次世代半導体技術として注目されている。
　TSVを使うとLSIなどの半導体デバイスの高密度化，小型化，高周波化，さらには低電力化が可能になるので，世界の半導体メーカー，研究グループ，大学で開発が進んでいる。
　標準工程や接続端子の配置なども関連団体で議論されてまとまり，開発目標を示すロードマップも作られている。また，コストダウンを目的とした新構造も数多く発表されており，チップの使用目的に応じて最適な構造，材料が採用される傾向が見え初めている。
　半導体産業の世界的な分布は2000年代後半から大きく様変わりしている。日本の半導体メーカーに代わって韓国，台湾の伸長が目立ち，TSV技術の開発では欧米勢も積極的である。半導体のサプライチェーン(製造の分担)も変化し，ウエハプロセス専門のファウンドリ(foundry)やOSATと呼ぶ実装専門のメーカーの存在感が大きくなってきた。
　TSVは実装技術に関わる工程が多く，特殊な装置や治具が数多く必要になる。また関連する材料も新しい開発が必要になる。半導体メーカー以外でも関連するメーカーがTSV事業に参入する機会は大きくなり，この点で裾野の広い日本の電子産業には有利であるといわれている。
　著者はTSV技術の実用化が近いと感じて2009年に『3次元実装のためのTSV技術』を出版した。当時としてはこの技術で次世代半導体が量産されると思われた

が，TSV チップはどうしても製造コストが高くなるため，実用化がなかなか広がらなかった。2012年頃からスマートフォンの需要が爆発的に増え，その中でTSV を使ったワイド IO 技術が必要になると予測され，TSV 採用への期待が大きく膨らんでいる。その間にも TSV の低コスト化，高密度化などの研究開発は進展し，また 3D とともに進化形ともいえる 2.5D（2.5次元）構造が開発され，さらには 2.1D と呼ばれる構造も提案されている。

立体的構造の分野全体としても技術内容が大きく変化しているので，改めて最新の TSV 技術の進展について取り上げ，また応用の中心となっているワイド IO や，新技術として注目されているガラス基板についても本書で述べる。

2015年2月

著　者

目　次

まえがき

第1章　TSV技術の開発
1.1　TSVの必要性 …………………………………………………………… 1
1.2　TSV開発の歴史と経緯 ………………………………………………… 4
1.3　TSV技術の現状と問題点 ……………………………………………… 6
　　第1章　参考文献………………………………………………………… 7

第2章　TSVの作成プロセス
2.1　TSVの基本構造 ………………………………………………………… 9
2.2　半導体製造プロセス中のTSV作成ポイント ………………………… 11
2.3　ビアミドルプロセスの概要 …………………………………………… 13
2.4　ビアミドルでの配線接続とビア突出 ………………………………… 14
2.5　ビアミドルの頭出し …………………………………………………… 16
2.6　ビアラストでの配線接続 ……………………………………………… 20
2.7　ビアファーストおよびトレンチファースト ………………………… 23
2.8　ビアアフタースタックによるTSV作成 ……………………………… 25
2.9　TSVのサプライチェーン ……………………………………………… 26
　　第2章　参考文献………………………………………………………… 28

iii

第3章　TSVチップの3D積層技術

- 3.1　チップ-チップ積層とは ……………………………………… 30
- 3.2　チップ-ウエハ積層とは ……………………………………… 32
- 3.3　チップ自動位置合わせ ………………………………………… 34
- 3.4　ウエハ-ウエハ積層とは ……………………………………… 34
- 3.5　W to Wプラットフォーム …………………………………… 36
- 3.6　チップのワーページ …………………………………………… 37
- 3.7　3D, 2.5Dデバイスの放熱構造 ……………………………… 39
- 3.8　ワーページ軽減ボンディング ………………………………… 41
- 第3章　参考文献 ……………………………………………………… 43

第4章　TSVを使ったワイドIOメモリシステム

- 4.1　メモリシステムとバンド幅 …………………………………… 46
- 4.2　ワイドIOからワイドIO2へ ………………………………… 47
- 4.3　ワイドIOのフロアプランとメモリチップ ………………… 50
- 4.4　ワイドIO用プロセッサチップ ……………………………… 52
- 4.5　ワイドIOの製造コストと歩留りコスト …………………… 54
- 4.6　TSVサプライチェーンとモバイル市場 …………………… 55
- 4.7　ワイドIOのバリエーション ………………………………… 55
- 4.8　インターポーザ付きワイドIO ……………………………… 57
- 第4章　参考文献 ……………………………………………………… 58

第5章　2.5D TSVチップ積層構造

- 5.1　2.5DワイドIOとワイドIO2 ………………………………… 59
- 5.2　2.5D用Siインターポーザ …………………………………… 62
- 5.3　2Dチップ搭載2.5Dデバイス ………………………………… 64
- 5.4　高バンド幅メモリシステム …………………………………… 67
- 第5章　参考文献 ……………………………………………………… 69

第6章　TSV-3Dメモリシステムの開発

6.1　次世代メモリシステム，ハイブリッドメモリキューブ ……………… 71
6.2　両面3D-FCメモリシステム ………………………………………… 73
6.3　ローコストポリSi基板デバイス …………………………………… 75
6.4　2.5D-3D両面インターポーザ ……………………………………… 76
第6章　参考文献 …………………………………………………………… 78

第7章　新インターポーザと2.1Dデバイス

7.1　有機インターポーザの必要性 ……………………………………… 79
7.2　有機インターポーザの開発 ………………………………………… 82
7.3　ガラスインターポーザの登場 ……………………………………… 84
　　(a)　薄ガラスの製作 ………………………………………………… 86
　　(b)　ガラスの高周波特性 …………………………………………… 87
　　(c)　低い熱伝導度 …………………………………………………… 88
　　(d)　ガラス2.5D構造のワーページ ………………………………… 88
7.4　ガラスインターポーザのビア開孔 ………………………………… 89
　　(a)　感光性ガラスの化学エッチング ……………………………… 90
　　(b)　レーザーによるビア開孔 ……………………………………… 91
　　(c)　エキシマレーザーによる開孔 ………………………………… 92
　　(d)　高出力のCO_2レーザー ……………………………………… 94
　　(e)　レーザーに代わる放電加工 …………………………………… 96
7.5　TGVのメタライズ …………………………………………………… 97
7.6　ガラスインターポーザの配線技術 ………………………………… 103
7.7　期待される2.1Dガラスサブストレート …………………………… 106
第7章　参考文献 …………………………………………………………… 110

第8章　3D用マイクロバンプ，チップフィル，実装材料

- 8.1　TSVとマイクロバンプ …………………………………………… 113
- 8.2　高さを保つピラーバンプ ………………………………………… 116
- 8.3　3Dチップの保護用インターチップフィル …………………… 117
- 8.4　3D，2.5D用実装材料の開発 …………………………………… 122
- 第8章　参考文献 ……………………………………………………… 128

第9章　TSV関連の技術開発

- 9.1　TSVビア関連技術 ………………………………………………… 131
- 9.2　粉体合金によるビア充填 ………………………………………… 132
- 9.3　ポリマー充填ビア ………………………………………………… 134
- 9.4　非充填オープンビア ……………………………………………… 135
- 9.5　ウエット成膜によるCuのビア充填 …………………………… 137
- 9.6　スカロップフリーとポリマー蒸着 ……………………………… 138
- 9.7　Siパッケージによるコストダウン ……………………………… 139
- 第9章　参考文献 ……………………………………………………… 140

索　引 …………………………………………………………………… 141

第 1 章
TSV技術の開発

1.1 TSVの必要性

　近代社会のあらゆる分野において使われる電子機器やコンピュータの重要性はいうまでもないが，それらを構成する半導体デバイスは，まさに社会を支えている基本的細胞ともいえる。半導体デバイスは誕生以来約60年を経過し，その間世界のメーカー，研究所，大学などで精力的な技術開発が行われた。これらの開発が半導体技術のどの分野で行われたかと考えると，その大部分がSiウエハの微細加工に向けられていた。数mm角という小さいSiチップに，数百万～数千万個，最近では数億個のトランジスタを封入する微細加工技術が，無限とも思える半導体デバイスの性能向上，価格低下を実現させてきた。

　代表的なDRAMメモリの加工精度（フューチャーサイズ，ハーフピッチ，技術世代を意味するテクノロジーノード，またはデザインルールともいう）の微細化が進んでいる。有名なムーアの法則（Moore's law：チップ内の集積密度すなわちトランジスタ数は1年半で倍増する）に近い形で進行している状況を図1-1に示す。品種によって多少の差はあるが，最新のデバイス（DRAMメモリなど）ではフューチャーサイズが20nm（nmは10^{-9}m）を切りつつある。CPUなどのロジックデバイスではフューチャーサイズはやや大きく，一方，NANDメモリではDRAMよりも小さくなっている。

　しかし，この微細加工がいくつかの理由で限界に近づきつつあるといわれている。1つはフューチャーサイズがSi結晶の大きさ（Si結晶の格子定数は0.5nm）に近づいて，トランジスタの動作が影響を受ける可能性がある。また，十数nmという超高精度の光学系，機械系を構成する露光装置や，その周辺の設備の技術的

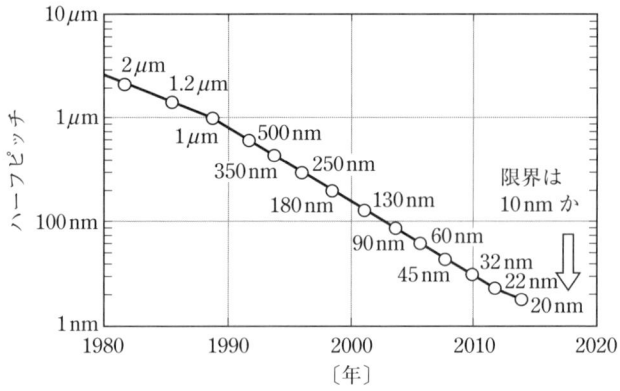

図 1-1　半導体の微細化：フューチャーサイズの推移（DRAM）

困難度が増加する。さらにSiウエハが径300〜450mmに大型化して設備投資が巨大化することなどから，数年先にはさらなる微細化が困難になるという意見が強くなってきた。このため微細化に代わる高密度化技術が以前から模索されてきた。

Siチップの微細加工とは，チップ内に膨大な数の素子を詰め込むというイメージである。しかし実際にはSiチップの表面の数μmの厚さの中に平面的に回路を形成し，そのほかの95％もの厚さのSiは単にその表面を機械的に支えているに過ぎない。そのため，チップを立体的すなわち3次元的に積重ねれば，素子の密度ははるかに大きくできるはずである。Siの微細加工をさらに進める流れをムーアの法則を守るという意味からmore Moore（もっとムーアを）と呼び，3次元化を進める方向をmore than Moore（ムーア以上に）と呼ぶ。今後数年間はこの2つの思想が競い合って，半導体デバイスを進化させると期待されている。

TSV（Through Silicon Via：Si貫通電極）技術は文字通りSiチップの表面から裏面に貫通する伝導体（ビア）を持つ半導体構造を実現し，従来1枚だけ使っていたチップを複数枚積み重ねることで「立体的な」すなわち「3次元的な」（本書では3Dと呼ぶ）デバイス構造を実現する技術である。

チップを重ねて高密度のデバイスを構成できることは容易に想像できる。実際に数年前からメモリの大容量化のために，図1-2(a)のようなワイヤボンディン

1.1 TSVの必要性

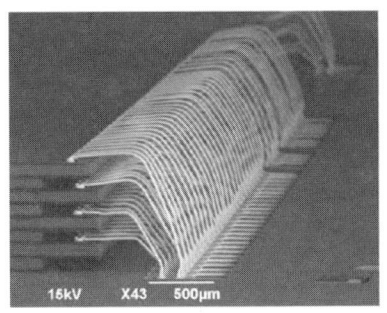   

(a) ワイヤボンドによる積層構造　　　(b) TSVによる積層構造[1]

図1-2　半導体の3次元構造化

グによるメモリの積層構造や，パッケージオンパッケージ (PoP) と呼ばれる，フリップチップ技術を使った組合せ構造が実用化され，2014年時点でも中心技術として使用されている．これらの構造ではチップから外部への導線の引出しや，チップ間の接続をワイヤボンディングやバンプ電極（凸起端子）で行っている．これに対して図(b)のTSV構造メモリは内部で貫通するビア（貫通導体）で接続し外部にはワイヤは見えない．

TSV構造の利点として次があげられる．
・集積度が向上する．
・パッケージ面積と厚さが小型化する．
・機能の異なるチップの積層化によって，ボード上の集積よりはるかに小面積でのシステム化が可能になる．

また細かいTSVと微細なバンプ電極によって，従来のワイヤ接続では困難であったチップ間距離が極めて短距離（50 μm 程度）で接続できるので，
・多端子の接続が可能になりデジタル信号処理が効率化する．
・高周波信号の減衰が少なくなる．
・そのため電力消費が減少する．

そのほかに，TSVは従来半導体メーカーが苦闘してきた微細加工からみると，複雑な構造ではあるが加工精度ははるかにゆるやかでよい．そのため，半導体メーカーだけでなく半導体に関連した製造装置，材料メーカー，加工メーカーなどの

第1章　TSV技術の開発

広い範囲の異業種からの参入も充分考えられ，裾野の広い半導体分野の活性化も期待される。

　従来半導体デバイスを作るためのSiウエハプロセスは，ウエハの極めて表面に限られ，その加工深さは高々数μmである。これに対してTSVに要求される加工深さは少なくとも50μm前後になり，アスペクト比（深さ/直径）が10以上の細く深い穴もまた従来の半導体加工の常識と大きく異なる。この深さと細さからくる深堀エッチングやCuめっきに関わる長時間の工程が，TSVの高いコストの原因になっている。

　またTSV技術は従来の常識から見ると後工程ともいわれる実装領域の技術だったものが，ウエハプロセスすなわち前工程の中でも行われる。このためウエハプロセスと実装技術の双方をカバーする技術者が必要になり，守備範囲の広いTSV技術者が要求されてくる。

1.2　TSV開発の歴史と経緯

　TSVのアイデアはすでに1980年頃からあり，特許もいくつか出されていたが，実際の技術開発は2000年頃から日本が世界に先駆けて始め，国家プロジェクトであるASET（Association of Super-Advanced Electronics Technologies：超先端電子技術開発機構）によって行われた。当時TSVはSilicon Through Hole, Through Electrodeなどと呼ばれた。そしてすでに2002年頃までにはイオンエッチング，CVD酸化膜，Cuビアめっきなど現在のTSV構造の基本がほぼ完成された。日本が世界に先行して基本技術を作り上げたことは高く評価されている。この研究成果は現在ではシングルチップ用ではあるが，東芝でイメージセンサ用引出電極として量産化されている。

　その後，2006年頃からTSV研究は燎原の火のように世界に広がり，米国，欧州，アジア各国の研究所，大学，メーカーが続々と実装技術系の学会やシンポジウムで発表し始めた。ここ8年間での開発記録を見ると，日本ではASETを始めとしてNECエレクトロニクス，日立，三菱電機（これら3社は現在ルネサスエレクトロニクス），エルピーダ（現在マイクロンジャパン），東芝，富士通，IBM Japan,

1.2 TSV開発の歴史と経緯

パナソニック，ソニー，セイコーエプソン，新光電気，フジクラ，大日本印刷，ホンダリサーチ，ザイキューブ，東北大学，東京大学，早稲田大学，熊本大学などで活発に行われた．2011年頃から半導体メーカーの再編が進み，技術発表などは減少したが研究開発は各社で続けられている．

　TSV製作の基本的な技術であるイオンエッチング，CVD酸化膜，スパッタリング，電解めっき，ウエハ裏面研磨，化学機械的研磨（CMP），ウエハダイシング，チップボンディングなどの装置メーカー，またフォトレジスト，アンダーフィル，めっき液，はんだ金属，研磨液，接着剤，保持用テープなどの材料メーカーも開発に注力し，国内だけでなく世界的にも技術協力を行い，その貢献は高く評価されている．また学協会の活動も活発でエレクトロニクス実装学会（JIEP）は国際会議ICEPを毎年開催し，さらにIAACとしてアジアに活動を広げている．

　電子情報技術産業協会（JEITA），電子通信情報学会（IEICE），溶接学会（MATEを開催），電子回路工業会（JPCAショーを開催），セミジャパン，リードエクジビジョン，インターネプコンなどの各種団体もシンポジウム，セミナー，展示会などで情報の収集や発表を頻繁に開催し，技術系の情報誌，日経エレクトロニクス，電子ジャーナル，エレクトロニクス実装技術なども精力的に情報活動を行っている．

　一方，欧州ではフランス原子力庁の電子技術研究所CEA-Leti，ベルギーに存在する国際研究機関IMEC，ドイツのフラウンホーファー研究組織のIZM研究所，米国の半導体コンソシアムSEMATEC，半導体デバイスをリードするIBM研究所，先進実装研究のジョージア工科大学GIT，韓国の三星電子，台湾の工業技術院ITRI，シンガポール科学技術研究庁のA＊STARなどが多くの論文を発表している．

　実装技術を主体とする国際学会もIEEE学会内のECTC，CPMT，IEDM，ISSCC，シンガポールのEPTC，また実装技術国際会議のIMAPSなどがTSVを取り上げ，3次元技術に特化したシンポジウムもEMC3D，3DICなど多く開催されている．TSVの開発を援助し，またレポートするコンサルタントも世界的に数多い．

　日本の3D研究はドリームチッププロジェクトと呼ばれるASETの3次元技術の研究が2013年に終了したが，今後も別組織で継続されると予想され，そのほかにも糸島市の三次元半導体研究センター，川崎市のナノマイクロ研究施設

(NANOBIC),東北大学の三次元スマートチップLSI試作製造拠点(GINTI,多賀城市),東京大学の電子実装工学研究所など公的な組織が大学と協力して研究を始めている。

一方,2011年頃から半導体デバイス製造の世界のサプライチェーン(製造,供給の流れ)が変化し始め,TSV研究もこの変化に影響を受けてはいるが,研究開発の大きなエネルギーは持続し,最も活発な米国IEEE学会内のECTCでは,毎年100件に近い3D関連の論文発表があり,開発の潮流を形成している。サプライチェーンの変化については第2章および第4章で述べる。

1.3 TSV技術の現状と問題点

TSV技術は従来の半導体加工技術と異なり,使用する材料や加工法も多岐にわたり,広範囲な研究の可能性を持っているので研究テーマとしては魅力的でもある。そのためアイデアや提案も数多く出され,どれが標準的な技術なのか決定できない状況が数年間続いた。2010年頃からようやく基本プロセスが固まってきた。しかし,現時点でも製作プロセスとしては第2章に述べるようにビアミドル,ビアラストの2種類に分類され,その後の加工法もいくつかに分かれている。

TSVプロセスが完全に固定されていないのは,TSV加工コストがなかなか下がらないので,常により低コストの加工法が提案され,実験,検討されているためである。さらに3D実装では理想的とされるウエハ-ウエハ積層が充分な技術確認ができていないためチップ積層で試作が行われていて,量産化にはやや距離があるなどの理由がある。

半導体の特質として前述のようにチップの価格は競争によって毎年下がり続ける。これを実現するためにウエハ径を大きくし,チップの取り数を増やすために加工ルールの微細化が進行し,その結果コストも下がり続ける。TSVを使ったデバイスではTSVによる性能向上がかなり顕著であってもこの大きな流れに呑まれて,少しのコストアップでも許容されにくい。

したがって現在は性能向上によるコストアップを許容できる,特別な品種だけ(高感度光センサや高速FPGA)が比較的少量で生産されている状況である。この

ような状況ではTSVを使わないと製品ができないという，いわゆるキラーアプリ（絶対的必要製品）がないことが問題といわれてきたが，2012年から爆発的に伸長したスマートフォン（スマホ）への応用が注目されている．

スマホでは低消費電力で高速の信号伝送が必要になり，後述するワイドIO（広いバス幅）がTSVでないと実現されないことが明らかになってきたためである．しかし，スマホの大量の需要に対して，まだ量産体制が2014年現在で整っていないのが現状である．また，基本的にはチップを積層する3D構造をJEDECが標準として提案し，関連各社が開発中であるがいろいろな理由で遅れている．これに対して技術的難度を緩和できる2.5Dと呼ばれる構造（第5章で後述する）が注目され始め，活発に議論されている．

第1章 参考文献

1) Y.Kurita (NEC Elec.) "A 3D Stacked Memory Integrated on a Logic Device Using SMAFTY Technology" ECTC 2007, p.821.

第2章 TSVの作成プロセス

2.1 TSVの基本構造

　チップ内に作成したTSVには製法の異なる数種類の構造がある。最も多く使われると思われるビアミドルプロセスによるTSVの断面を図2-1(a)に示す。通常LSIなどのSiチップの表面にはトランジスタが作られ，その上にSiO_2で絶縁さ

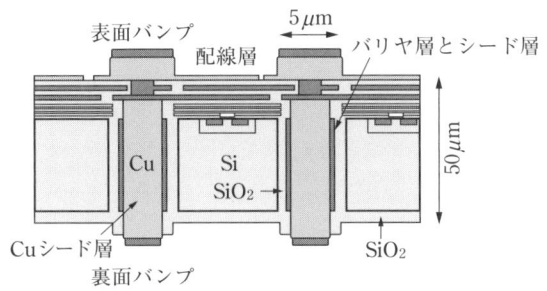

(a) TSVの断面構造

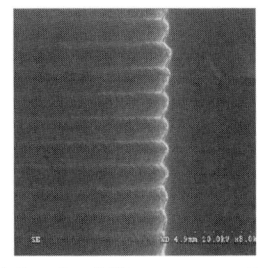

(b) ビア内壁のスカロップ[1]

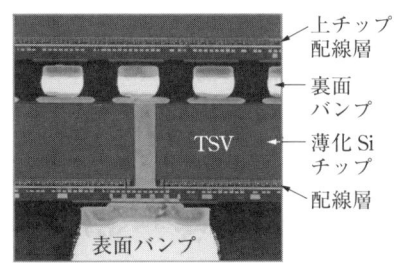

(c) TSVによるチップ積層の断面[2]

図2-1　TSVの構造（ビアミドルプロセス）

れたAlまたはCuの導体配線層が存在する。配線層は通常5～13層程度あり，厚さは7～10μmとなっている。

なお，Siの厚さは，従来のシングルチップの場合，パッケージの厚さをある程度薄くするためウエハ研削によって薄化はするが，通常200～500μmになっている。3D構造の場合では積層時の厚さを抑えたいことと，ビア（孔）の開孔はSiが厚いと加工時間がかかりコストアップになることから，さらに薄くする薄化プロセスが必要であり，ウエハの厚さすなわちビアの長さは標準的には50μm程度となっている。また，ビアの直径は用途によって3～20μmに分布しているが，標準的には5μm程度となっている。

TSV作成プロセスとしてはビアミドルプロセスの場合，まず，SiウエハにイオンエッチングでビアをあけるRIEでビアをあける。イオンエッチングは真空装置の中で通常ボッシュプロセスと呼ばれる加工法で行う。ボッシュプロセスは，長期の実績がありよく知られているが，その方法は，真空装置内のプラズマによる等方性と異方性の反応性イオンエッチングを，ガスを切り替えながら繰り返して垂直にビアを開ける。その際ビア内壁にはガスの切り替えによるスカロップと呼ばれる図2-1(b)のような微細な凹凸ができる[1]。スカロップがその後の加工に問題が起こらない程度のサイズになるように（凹凸が数10nm程度）ガスを切り替える。

次に，ビアの内壁に図(a)のように絶縁用のSi酸化膜，CuのSiへの拡散を防ぐTa，TiO，TiNなどのバリヤ層，Cuめっき用の電極となるCuシード層をスパッタリングで着け，$CuSO_4$を主成分とするめっき液を使った電解めっきによりCuを充填する。直径5μmの細いビアにめっき充填するには促進剤，抑制剤，レベラーなどの特殊な添加剤を含むめっき液と，液の攪拌効果によってビアの底部からめっきが成長し，ウエハの表面にはめっきがあまり成長しないビアフィリングという現象を利用する。なお，めっきの内部に空洞（ボイド）を生じないようにするには印加する電圧や波形などにノウハウが必要である。ビアの表面は通常，Cuが盛り上がる（overburdenという）ためCMP（化学-機械的研磨）で表面を平坦にする。

ビアのCuは配線に接続し，ほかの配線を経由して表面バンプ（接続用電極）に接続する。また裏面にはウエハを薄化してビア底部を露出させ（2.5節参照）接続用のCuバンプを作る。バンプの表面にはSn，Ag，はんだなどの接続用低融点金

属を付ける。図2-1(c)にTSV付きのチップの積層状態を示すが[2]，ここでは図(a)とは違って上下が逆転し，表面バンプが下に付いている。

2.2 半導体製造プロセス中のTSV作成ポイント

次に半導体デバイス製造の流れの中でのTSV作成について説明する。TSVを応用した代表的な半導体デバイスとしてCMOS-LSIを例にあげると，ウエハを投入してからの加工プロセス数が非常に多く500工程に近いともいわれ，製造期間は数か月にも及ぶ。この工程を大別すると基本的には図2-2のように4つのプロセスになる。まずSiウエハからスタートし，ウエハプロセス（前工程）ではFEOL（Front End of Line）でトランジスタや埋込層を作り，次に配線層をBEOL（Back End of Line）で作る。その後の工程は後工程または実装工程といわれ，ウエハを50μm程度まで薄化して酸化膜とバンプを作り，ダイシングして切断しチップ化し必要に応じて積層工程，基板へのボンディングを行ってからパッケージする。

各プロセスでウエハが経験する温度がTSV作成に影響を与えるが，FEOLではエピタキシャル成長，熱酸化，イオン注入，不純物拡散などの不純物導入プロセス中に，多くの場合800〜1,200℃の高温処理になる。BEOLでは絶縁酸化膜，導

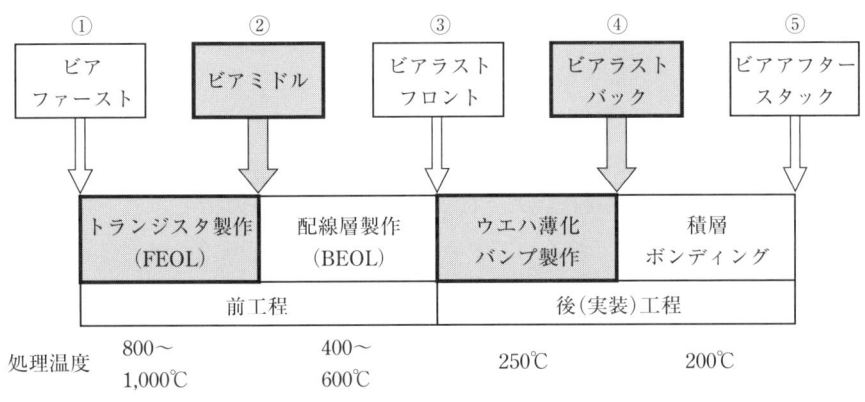

図2-2　半導体製造プロセスとTSV作成ポイント

第2章　TSVの作成プロセス

体配線を作るが，この場合の酸化膜は比較的低温生成の酸化膜を使うので，400～600℃前後の処理温度になる。後工程の薄化プロセスではサポート接着剤の耐熱温度が重要になり，250℃前後での低温絶縁膜が必要になる。実装プロセスでは通常処理温度はあまり高くなく，樹脂の硬化工程の200℃前後となる。

　この4つのプロセスの内のどこでTSVを作るかが問題であるが，過去数年間では図のように全部のプロセスの始めと終わり，すなわち計5か所でTSVの作成が可能なことが確認されている。①はビアファースト(via first：拡散前に)，②はビアミドル(via middle：配線作成の中間で)，③はビアラストフロント(via last front：素子作成終了後表面より)，④はビアラストバック(via last back：素子作成終了後裏面より)，⑤はビアアフタースタック(via after stack：チップ積層後)と呼ばれる。

　各々の作成ポイントの問題について簡単に述べると，ビアファーストは高温を経験するため充填用のCuが使えず，ポリSiまたはタングステンをCVD(化学的気相成長)によって充填する。ポリSiは金属汚染などの心配がなく，製作が容易なので初期の研究では多く使われた。また，ポリSiは金属に比べて抵抗率が高く，不純物ドープによって抵抗率を下げる必要があるが，それでも抵抗率が数10 mΩcm程度と高く，信号電圧低下などの特性が劣化する問題があり，現在はほとんど使われなくなった。タングステンもほぼ同じ問題を持っている。

　ビアミドルは比較的問題が少ないが，2.3節で後述するように最近は配線工程の絶縁膜生成時の高温によるビアの膨張が問題になってきた。しかしビアミドルはおそらく今後TSV製作の代表的技術になると思われる。ビアラストフロントは開発初期には使われたが，厚い配線層を通過してビアを開ける必要があり，配線への接続も難しいという問題がある。

　ビアラストバックは薄化ウエハの機械的保持とサポート用接着剤を付けた状態で，やや高温での絶縁用酸化膜の生成が問題になるが，実装工程でTSVを作る場合には有力なプロセスである。ビアアフタースタックはウエハ積層後にビアを開孔するので歩留り低下の問題が残る。これらの5種類は多くの実験によってその優劣が検討された結果，2011年頃から②のビアミドル，④のビアラストバック(以後ビアラストという)の2種類が残る形となり，今後はこのどちらかが使われる見通しである。

TSV作成ポイントから見て，ビアミドルはウエハプロセスの中で，またビアラストは実装工程で作られるのが妥当と思われる。しかし半導体についてはサプライチェーン（どこで何を作り，誰に供給するかという流れ）がここ数年で大きく変化しつつあるので，TSVの製造場所は必ずしも明確になっていない。サプライチェーンについては2.9節で述べる。

2.3 ビアミドルプロセスの概要

ビアミドルプロセスはウエハプロセス中にTSVが作成されるので，半導体メーカーやウエハプロセス専門のファウンドリにとっては最も採用しやすいプロセスである。ビアに充填されたCuは，配線工程で絶縁用酸化膜生成時に高温にさらされるが，不純物拡散の温度ほどは高くなく400～600℃程度であるのでビアは変質しない（2.4節を参照）。

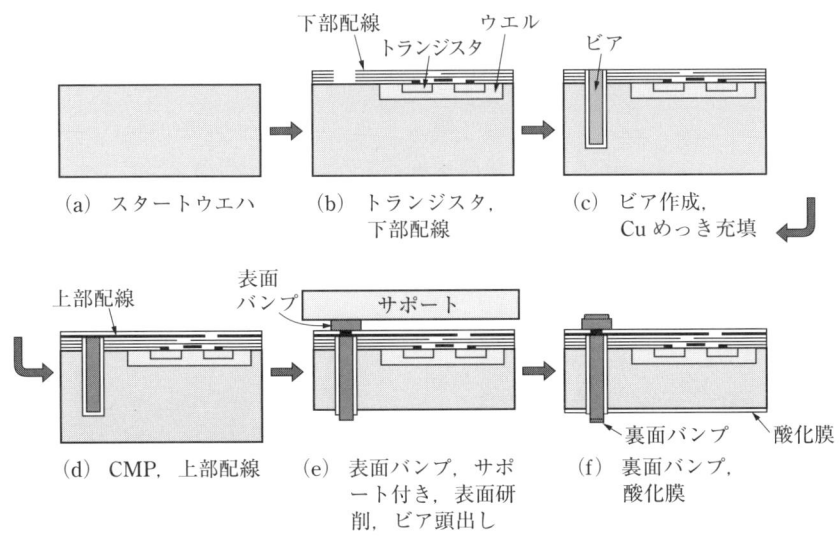

図2-3 ビアミドルプロセスでのビア作成工程

第2章　TSVの作成プロセス

　図2-3にビアミドルによるTSV作成プロセスの流れを示す。図(a)のウエハから出発して図(b)ではウエル，トランジスタと下部の配線層（1～10層程度で微細配線が多い）を作る。図(c)ではイオンエッチングでビアを開孔し，酸化膜，バリヤ，シードを付けてCuをめっき充填する。

　ビアの深さはウエハの厚さより短いのでビアはSiを貫通していない。通常ビアめっきはビアの付近の表面にも成長するので，めっき後にCMPで表面を平坦にする。図(d)では配線層の上層部にかなり厚く，幅の広い配線（グローバル配線ともいう）を作りTSVと配線を連結させる。

　図(e)ではフォトレジスト，めっきでCuの表面バンプを作ってからサポート用のSiまたはガラスを接着してウエハを保持し，ウエハの裏面を研削してビア底部を露出させる。これをビアの頭出しと呼び，図(f)では裏面に酸化膜とバンプ金属を付け，ダイシングしてチップを分離する。ビアミドルに関連するビア突出や頭出しなどの重要なテーマについては2.4節および2.5節で述べる。

2.4　ビアミドルでの配線接続とビア突出

　ビアミドルでは上述のようにビア作成後，さらに上部配線を作りビアに接続する。配線（グローバル配線）は上部ほど外部との接続を意識して厚く作られ，ビアはこれに接続するため，ビアめっき後CMPで平坦化し，その上にグローバル

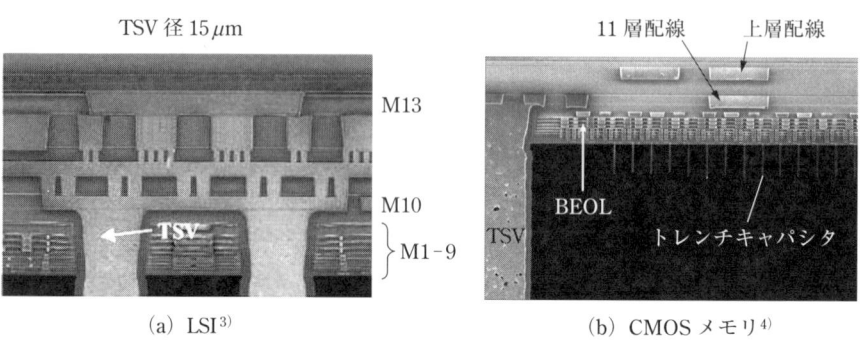

(a) LSI[3]　　　　　　　　　(b) CMOSメモリ[4]

図2-4　ビアミドルにおける配線接続状態

14

2.4 ビアミドルでの配線接続とビア突出

配線層を作る。

LSIにおけるこの状態を図2-4(a)に示す。ここではビアはLSIの下層から数えて第10層(M10)のメタル層(厚さ1μm)に接続している[3]。また図(b)はCMOSメモリにおけるTSVを示すが，ここでは第11層に接続している[4]。これらの場合，下部の微細配線層はビアの占有エリアを確保しているので，当然ながらビアには接触していない。

ビアミドルは最も安定なTSV作成法とされているが，ビア作成後の熱処理でのビアの突出(protrusionまたはpump up)の問題点が指摘されている。この現象はめっきで充填されたCuがその後の熱処理によって体積が膨張し，上部の配線

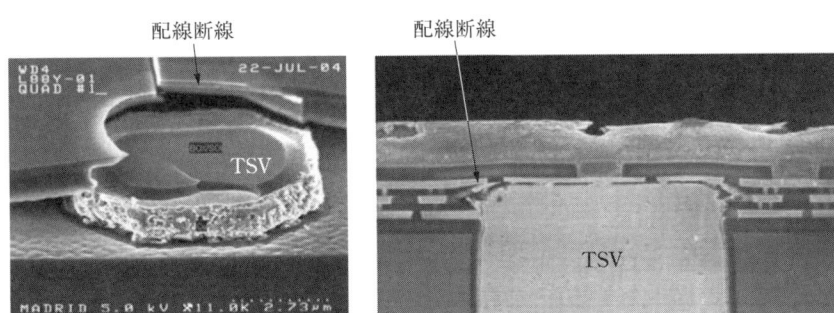

図2-5 ビアミドルでのビア突出現象[5],[6]

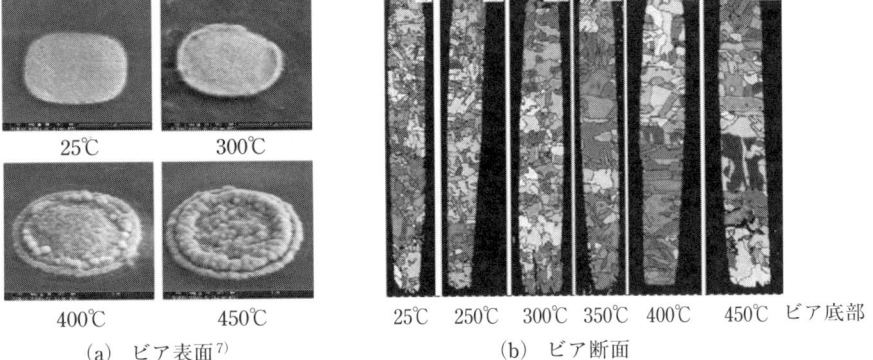

(a) ビア表面[7]　　　　(b) ビア断面

図2-6 ビア表面と断面の温度による変化

を破壊する現象である。これを図2-5に示す[5), 6)]。ビアミドルではTSV作成後さらに配線層を作るので，絶縁用の酸化膜をCVDで生成するときの温度が400～500℃前後になる。温度が上昇したときはCuの熱膨張係数がSiより大きいので，温度が上昇するとビアの表面が盛り上がる。ビアの表面を観察すると図2-6(a)のように高温になるほどビア周辺が盛り上がっている[7)]。

しかし，これを室温に冷却しても元の平面には戻らない。めっきされたCuが膨張したままになる理由は明確ではないが，Cuの結晶が温度印加によって大型化するためらしい。ビアの断面の結晶状態図(b)を見ると高温を経過すると結晶が大きくなる。まためっき時に発生したガスが結晶粒界に存在し膨張するためという説もある。ビアの突出は1μm前後になるのでその上にある配線は図2-5のように断線する。この問題を解決するには工程が増加するという問題はあるが，Cuめっき後400℃で30分アニールして膨張させ，CMPで平坦化するのがよいと報告されている。

2.5　ビアミドルの頭出し

ビアミドルプロセスでは厚いウエハにビアを開孔するので，約50μmの深さのビア底部はウエハの裏面には届いていない。そのためBEOLを終了して表面バンプを作成後，ウエハ裏面を50μm程度まで薄化して，ビアの底部を露出させ接続用のバンプを作る。これをBVR（back via reveal：ビア頭出し）と呼ぶ[8)]。この工程は図2-7に示すようにまずウエハ補強用のサポートをウエハ表面側に取り付け，機械的研磨でビア底部の直前まで（標準的には厚さ約60μmまで）薄化した状態が図(a)である。次にCuビアを残して周囲のSiだけを削り，ビアの底部を露出させ図(b)とする。この方法としてはプラズマエッチング，化学的エッチング，CMP研磨などがある。

プラズマ，化学的エッチングではSiを優先的に溶解するフッ素系のガスやエッチング液を使う必要がある。ビア頭部が露出してもビア外壁には絶縁用のSiO_2が残っている。またこの状態では露出したSi表面は保護されていないので，このままでは最終デバイスの耐湿性などに問題がある。そのため，さらに図(c)で

2.5 ビアミドルの頭出し

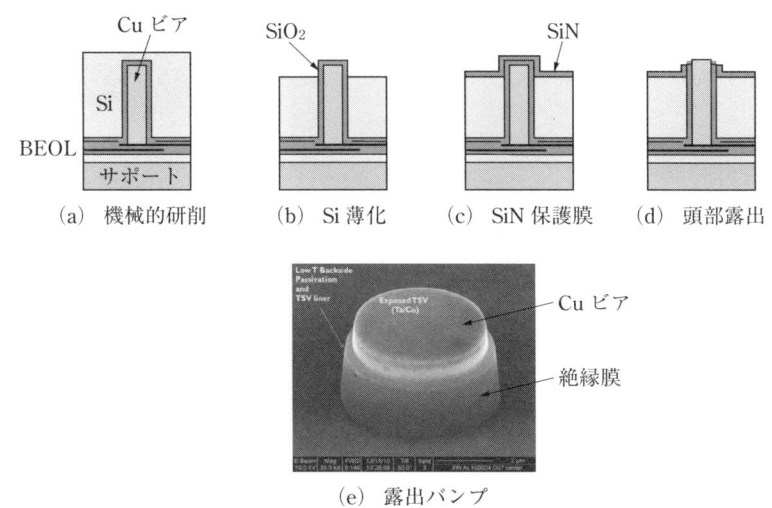

図 2-7 ビアミドルの裏面ビア頭出し[8]

保護用の500 nmのSiN保護膜などを，ウエハ全面にスパッタリングなどで付着させる。最後に図(d)ではフォトエッチングでビア頭部のCuを露出させる。図(e)は露出したビア頭部の状態である。バンプを作るにはこの上にさらにフォトエッチングを使ってSn, Ag, Niなどの金属を重ねる。

　上述は頭出しの標準的な方法とされているが，ビアミドルでのビア開孔の深さはウエハ全面で必ずしも一定でなく，RIE装置にもよるが数μmのばらつきがある。そのため，そのまま頭出しを行うとバンプ高さが一定でなくなり，ボンディングにも問題が発生する。図2-8にプラズマエッチング時のウエハ周辺とウエハ中央部のビア高さの差の一例を示す。

　ボンディング時の問題を回避するため，ビア作成後上述の頭出しをせずにウエハの裏面全面を研磨し平坦にすると，その後は基板技術などで使われている表面配線技術でバンプ作成も可能になる。しかし平坦化するとビアのCuも研磨するのでSi表面にCuが付着し，その後の熱処理でCuがSi中に拡散してトランジスタ特性を悪化させることが考えられる。従来はCuを削ってはいけないと考えられていたので，複雑ではあるが図2-7の頭出しが採用されていた。

第 2 章　TSV の作成プロセス

 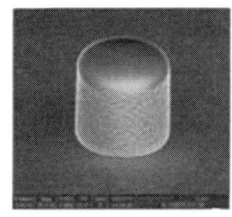 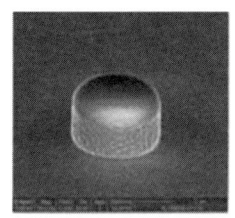

(a)　ウエハ中央部, 高さ 2.9 μm　　(b)　エッジまで1/2点　　(c)　300 mm ウエハエッジ部

図 2-8　ウエハ上のビア高さのばらつき[9]

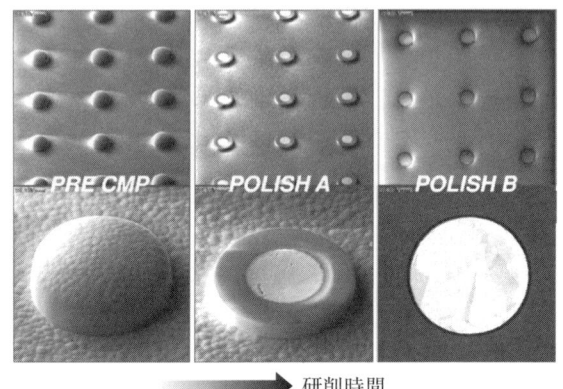

図 2-9　ビアミドルウエハの裏面全面研削[10]

しかし最近では別の方法[9]として図2-9のようにビア頭部を含んでウエハ全面をCMPで研削して平坦化し，その後適切な化学エッチングを行ってCuの頭部を出してからバンプを作る方法もある。この方法では化学エッチングによって表面を薄く除去するので，Cuはほとんど検出されないとしている。

CMPによる平坦化では硬度の異なるSiとCuを同時に研削するので，ビア数が多いとCuのために砥石に目づまりが起こる。このためマイクロジェットを噴射してCu粒を除きながら研削するHPMJ (High Pressure Micro Jet) 法が開発されている[10]。また研磨液によってはディッシング（皿状凹み）という現象がおこる。

2.5 ビアミドルの頭出し

ディッシング現象はCMPの際，使用するスラリ（研磨液）とビアのCuが反応し，その生成物質がSiの研磨速度を低下させるために，Cuが多く研磨されてビアが皿状に凹んでしまう現象である．図2-9でもディッシングが見られる．

このディッシングはウエハの中央部と周辺部で異なり周辺部の方が深くなる．一例として図2-10に示すように中央部では25nm程度，周辺部では150nm程度が報告されている．ディッシングが深いとその後の工程に影響がでる．ディッシングは使用するスラリ（研磨液）とパッド（研磨布）によって大きく変わるのでその選択が重要である．

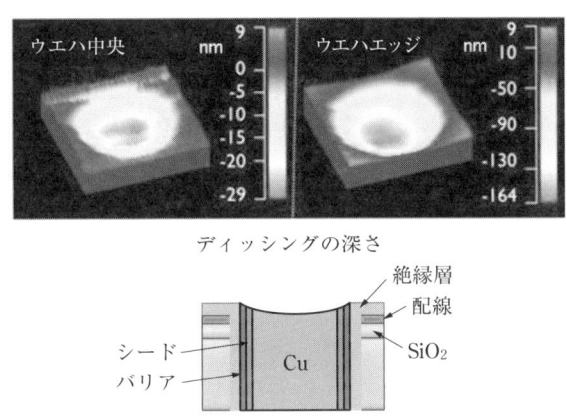

図2-10　CMPによるTSVのディッシング

次に，ビアの頭出しの際の表面の平坦化の後，化学エッチングでSiだけを除去してビアの頭出しをする代わりに，CMPで頭出しをする方法も考案されている．CMPによる頭出しは「突出しCMP」とも呼ばれているが，Siだけを速く溶解研磨するフッ素系のスラリを使い，またパッドはスェード系のソフトパッドを使うことでCuの研磨を防ぐ．このCMP平坦化 - 頭出しプロセスを図2-11に示す．図(d)はコンピュータによる頭出しのイメージ図である．Siは必ずしも平面にはなっていない．この場合もCu汚染は懸念されるが，化学的洗浄によって問題ないと確認されている．

第 2 章　TSVの作成プロセス

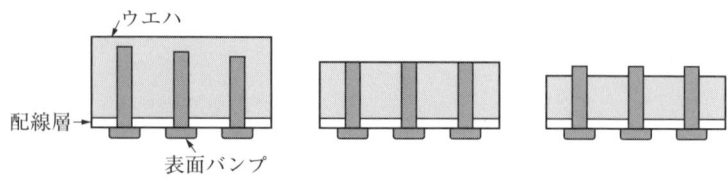

(a) ビアミドル-Cuめっき充填　(b) 裏面平坦化CMP　(c) 頭出しCMP

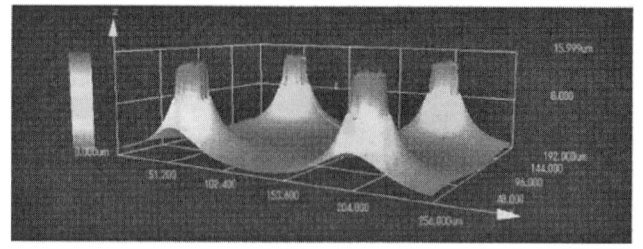

(d) 頭出しイメージ図

図 2-11　CMPによるビア頭出しプロセス

2.6　ビアラストでの配線接続

　ビアラストバックプロセスは配線層の完成後裏面からビア開孔するが，これをビアラストと略称している。ビアラストの流れを図2-12に示す。図(a)のSiウエハから始まって，図(b)でFEOL，BEOLを最後まで通過してビアのないデバイスを完成する。次にフォトレジストとCuめっきで表面バンプを形成し，図(c)でサポートを付け，裏面を研削して約50μmの厚さまで薄化してイオンエッチングで配線まで開孔し，図(d)で酸化膜，バリヤ，シードを付けてからCu電解めっきで充填する。このときビアラストの特長としてCuをビア全体に充填しなくともよく，ビアの壁面を膜状にカバーして中空にしてもよい。これをコンフォーマル（形状に沿った膜）構造と呼ぶ。
　ただし，コンフォーマル構造の場合，ビア内部は中空のままにせず，樹脂を充填することが多い。またこの場合ビア底部（チップ裏面）にはバンプが作れず，ずらした位置（オフセット）に作って配線で接続することになる。図2-13にTSV

2.6 ビアラストでの配線接続

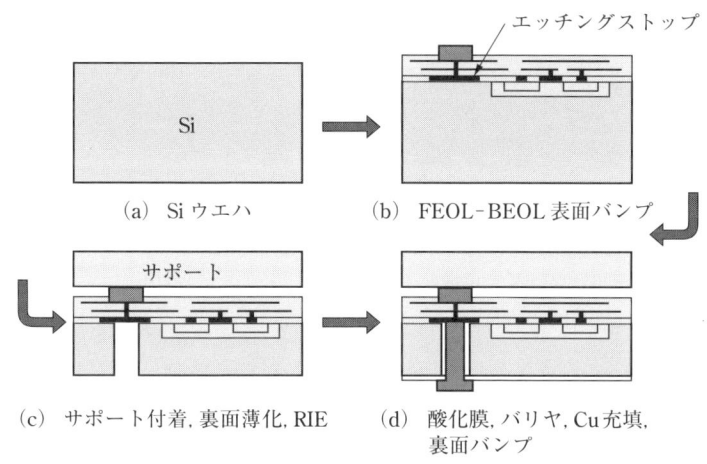

図2-12 ビアラストプロセスでのビア作成工程（非コンフォーマル）

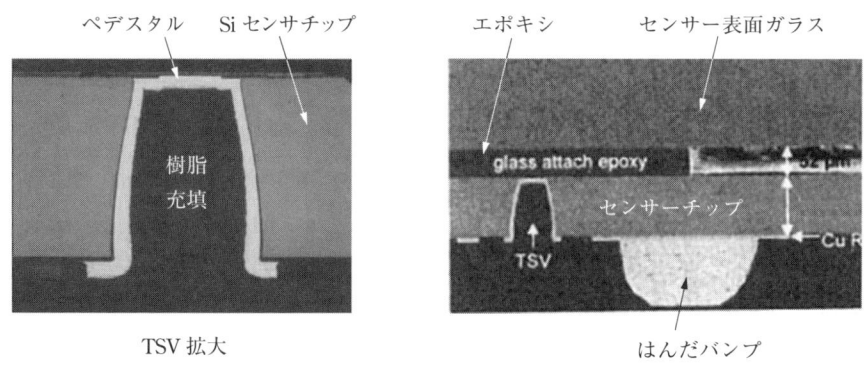

図2-13 コンフォーマル-オフセットバンプの例

応用デバイスの量産品の例としてビアラストによる東芝の配線引出し用のコンフォーマル裏面バンプの構造とオフセットバンプによるイメージセンサの例を示す。

ビアラストによるTSV作成の場合，裏面からのイオンエッチングの停止点と配線への接続が問題になる。通常配線層の最下部の配線は，微細配線のために薄く作ってあり，活性の強いエッチングを配線層で正確に停止させるのは困難である。そのため図2-14に見られるようなCu，Wなどの厚いエッチングストップ層

21

第2章　TSVの作成プロセス

(ペデスタル)を作るための，追加の工程が必要になるとの報告もいくつかある。

また，Cu/low-k配線の場合は，low-kの強度などを考慮して配線層の数層を連結し，どの層でエッチングが停止してもよい，という構造もいくつか発表されているのでASETによる例を図2-14に示す[11]。この例では最下層配線の1,2層が連結されている。

ビアラストのもう1つの問題はビア内壁の酸化膜生成温度である。ビアラストではサポートを付けた状態でCVD酸化膜を生成させるが，サポートの接着剤(エポキシなど)は250℃前後で分解して接着力を失うので，それ以下の温度で酸化膜生成を行う必要がある。このためCVDの材料変更などによって，通常400℃前後の生成温度が150℃程度に下げて実用化されているが，一般には低温になるほど膜質は劣化するといわれている。

ビアラストプロセスは現在半導体メーカー以外でも注目されているが，その理由は実装系の工場や材料メーカー，装置メーカーでも製造可能と思われるからで，これについては2.9節で説明する。

ビアラストプロセスがもう1つ注目される点は，ウエハ1枚だけでなく積層後のウエハ薄化にも適用できるからである。この場合はウエハが積層してあるので，ビア作成時にサポートが不要になるメリットがある。ASETの発表したW to Wと呼ぶ3Dインテグレーション構造(3.5節を参照)にはビアラストが適用された。

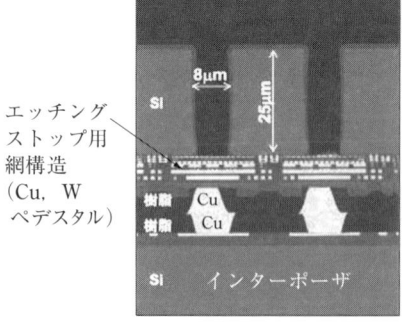
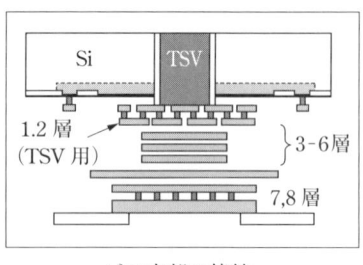

図2-14　ビアラストにおける配線接続状態[11]

2.7　ビアファーストおよびトレンチファースト

　上述のビアミドル，ビアラストは現状では標準プロセスになりつつあるが，過去数年間にわたっては，ビアファースト，トレンチ（溝構造）ファースト，ビアアフタースタックでもビア作成が試みられた。それらはすべてビア作成には成功はしているが，多少の問題点があり現在では主流とはなっていない。しかし材料，装置などの開発や半導体技術の考え方の変化によっては，今後再登場する可能性もあるのでここで概観しておこう。

　まずビアファーストについて述べると，半導体プロセスの最初の時点，図2-3（ビアミドルプロセス）の最初の図(a)のスタート時点で，イオンエッチングによりビア開孔をする。その後酸化膜で絶縁するが，この時点では高温で加熱することが可能なので，性能のよい熱酸化膜が使える。

　次に導体を充填する必要があるが，トランジスタやウエルをイオン注入，不純物拡散などで作る際，1,200℃程度の高温工程があるのでビアに拡散係数の大きいCuは充填できない。そのため高温でも影響を受けないポリSiまたはタングステンをCVD法によってビア内に析出させ，ビアの導体として使う。

　ビアファーストプロセスで，ビアを作成したウエハを単結晶ウエハと同じ感覚でウエハプロセスに使えるので，TSVの開発前期には精力的に採用された。図2-15にビアファーストプロセスによるTSV構造と断面を示す。図(a)は格子構造のポリSiビア（旧NECエレクトロニクス）[12]，図(b)はリング構造のタングステンビ

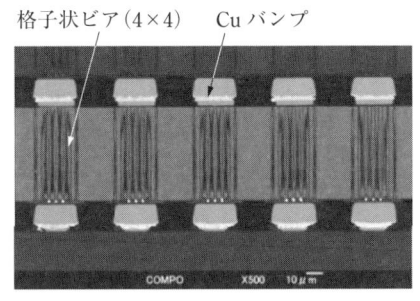
(a)　ポリシリコン格子状ビア[12]

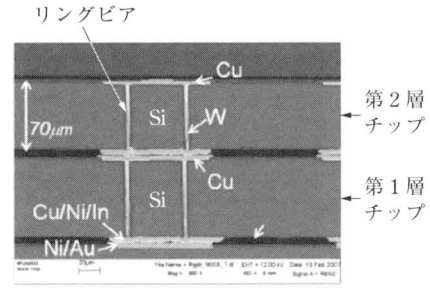
(b)　タングステンリングビア[13]

図2-15　ビアファーストプロセスによるTSV

第2章 TSVの作成プロセス

ア（IBM）[13]である。ポリSiは高温には耐え，Cuのような不純物汚染の問題もないが，抵抗率がやや高いので不純物金属をドープ（混入）する。格子やリング状の構造になった理由は，CVD法では導体が厚く付けられないので，狭い溝に充填して，ビアの電気抵抗を小さくするためであった。

しかし格子状ビア構造にしてもビアの電気抵抗値が数10〜数100 mΩ程度になるため，信号減衰が大きくなる。タングステンも同様の問題があり，また，加工や配線との接続の難しさもあることから最近は使用例が少なくなっている。

次にトレンチファーストについて述べる。ビアをSiから絶縁するためには，基本的にはビア内壁に酸化膜層を付けるが，トレンチファーストはビアの周囲にリング状の孔を掘り，プロセスの初期段階で熱酸化膜を生成させ，ビアを含むSi自体を絶縁状態にすることで，酸化膜が不要になりその後の加工プロセスが容易になる。このリングはDRAMメモリのトレンチキャパシタ製作と類似のプロセスなので，トレンチファーストと呼ばれる。

トレンチ製作後のビア開孔はビアミドルでもビアラストでも可能であるが，ビアラストプロセスによる流れを図2-16に示す。トレンチ内部にSiが残っているかどうかは不明であるが，イオンエッチングでSiを選択的にエッチングできれば，トレンチ内はCuと酸化膜の構造になる可能性がある。トレンチファーストは，旧エルピーダ（現マイクロンジャパン）が開発し，試作デバイスを完成させた。絶縁材料をリングに充填する構造は，その後ASETで粉体シリカなどの別材料を使って試作されているので，9.2節で述べる。

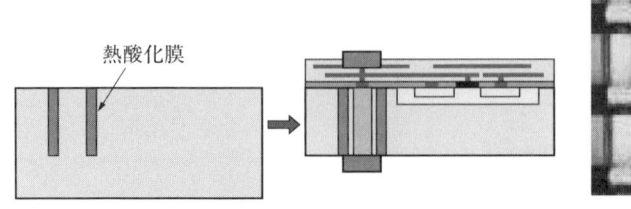

(a) トレンチ堀り，酸化　　(b) FEOL，BEOLののち　　(c) トレンチ付きビア断面
　　　　　　　　　　　　　　　ウエハ薄化，Cu充填，
　　　　　　　　　　　　　　　裏面バンプ

図2-16　トレンチファースト-ビアラスト

2.8 ビアアフタースタックによるTSV作成

ビアアフタースタックは，ウエハを積層してからビアを開孔するというユニークな発想で，東京大学，富士通を中心としたWOW (Wafer on Wafer) アライアンスで開発された[14]。図2-17にそのプロセスを示すが，まずウエハ表面にサポートを貼り付け，図(a)でウエハ裏面を薄化して10μmもの極薄ウエハとし，図(b)で厚いアクティブウエハ（回路作成済みウエハ）の表面にBCB樹脂で貼り付け，サポートを取り外してから図(c)でビアを作成する。このときビアはウエハ表面から開孔するので，ビアラストフロントプロセスになり通常のビアラストとは異なる。

これを繰り返して積層後はスタックを上下逆転してパッケージングする。ビアのCuめっきは直接配線層に接続するのでバンプレスで狭間隔，低抵抗の構造になる。この方法によって図(e)に示す55μmの3層積層の極薄スタックが可能になった。試作では10層の構造も作られている。ウエハが薄く工程が短時間になるのでコストが下がると思われるが，ウエハの歩留りが低い場合は最終歩留りが低下する。半導体の歩留りを高く保てる場合，たとえば近い将来微細加工を追及しないで高歩留りのウエハを作る環境があれば，この方法が成立する可能性があると期待されている。

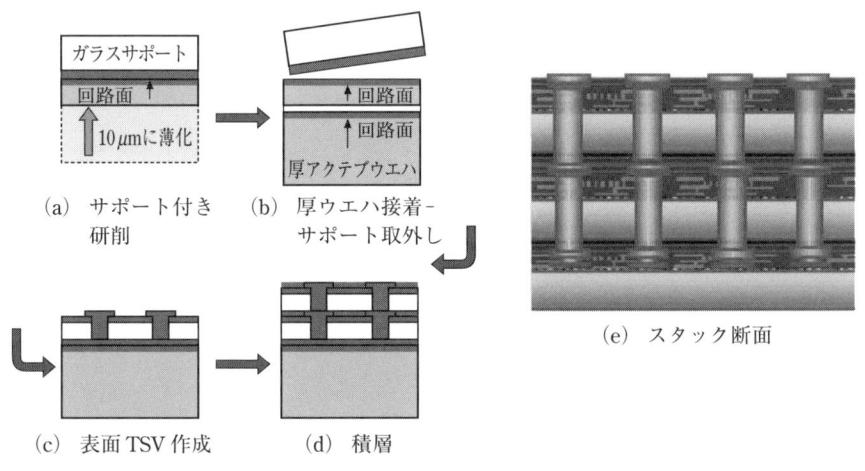

図2-17　ビアアフタースタック[14]

第 2 章　TSVの作成プロセス

2.9　TSVのサプライチェーン

　現在の激しい競争下にある半導体生産の分野で，TSVの開発をさらに複雑にすると思われている現象は，サプライチェーンすなわち半導体デバイスの生産と供給の分離構造であり，その中でTSVを誰が作り，誰に供給するかという問題が顕在化してきた。図2-18の図(a)は1990年代の半導体製造の流れで，この形態を IDM (Integrated Device Manufacturer：垂直統合型半導体メーカー)と呼び，1つの半導体メーカーがこのすべてを管理していた。しかしTSV作成プロセスが注目され始めると，図(b)のようにTSV作成工程を MEOL (Middle End of Line)と呼ぶ技術者が増えてきた。そして従来，後工程と呼んだものをBEOL（従来の配線工程）と呼ぶようになり，かなり用語の混乱が起こっている。

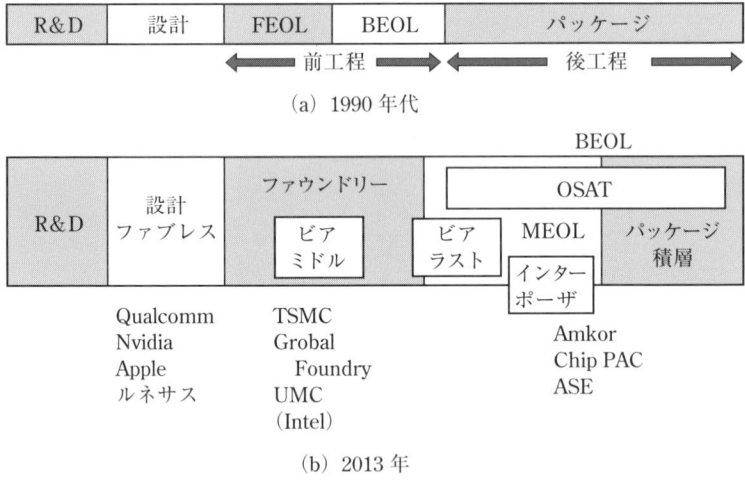

図 2-18　半導体のサプライチェーン

　2000年代後半からウエハプロセス専門の会社がアジアを中心に規模を拡大し始め，半導体メーカーがチップのコストを下げるためにこれに外注するようになり，半導体メーカーでの生産が縮小し始め，工場を持たない半導体メーカーが増え始めた。ウエハプロセス専門会社はファウンドリと呼ばれるが，台湾のTSMC,

UMC，米国のGlobal Foundriesなどが有名である。

　この結果従来の半導体メーカーは製造工場が不要になってしまったので，ファブレス（fabless：製造ラインなし）とも呼ばれることがある。Qualcommはファブレスであるが世界半導体売上で2013年には第3位になった。また従来，後工程で行ったパッケージングすなわち実装工程にも専門会社が台頭した。米国のAmkor，台湾のASE，シンガポールのSTATS ChipPACなどである。これらをOSAT（Outsourced Assembly and Testing：外注型組立・試験会社）と呼ぶ。日本にも流動的ではあるがOSATがいくつか活動している。

　ではTSVを作るのは誰かと考えると，前述（第1章）したようにTSV作成工程にはビアミドルとビアラストがある。ビアミドルはウエハプロセス中に作るので，当然ファウンドリが分担すると思われるが，OSATがビアエッチングやビアめっきの技術を保有していて，ビアだけを作る動きも出てきている。またビアラストはICの完成したウエハにビアを作るので，これはパッケージ関連の装置を持つOSATの分担と考えられるが，ファウンドリがビアラストまでを試作している報告もある。従来の半導体プロセスでもめっき工程だけは薬品処理の関連から別会社が扱う例があり，プロセスの分業化は今後も増加していくと思われる。

　ビアラストプロセスでは，ウエハプロセスに比べてやや異なる製造ラインや装置が使われ，設備投資も少ないので，真空装置，めっき，ウエハ薄化研削，化学材料，樹脂基板，印刷，レーザー，薬品などの関連メーカーが参入する可能性がある。これらの周辺技術は日本が世界的にも高い技術力を持っている。

　この状況をさらに活発にしているのは，第5章で述べる2.5D構造さらには2.1D構造で使われるインターポーザである。Siインターポーザはトランジスタを持たない，配線層とTSVだけのSiウエハ製品であるので，半導体関連メーカーでなくても参入できる。上記の周辺メーカーに加えてガラス，有機材料，多結晶Siなど多くのメーカーが研究開発を行い参入を検討している。

第2章　参考文献

1) P.Siblerud（Semitool）"TSV Copper Electrodeposition" EMC3D, 2008, p.13.
2) J.Nickerbocker（IBM）"3D Integration and Packaging for Systems" ICEP 2012 GBC, p.807.
3) M.G.Farooq（IBM）"3D Copper TSV Integration, Testing and Reliability" IEDM 2011, p.7.1.1.
4) C.R.Kothandaraman（IBM）"IBM Report at IPRS 2012, Prague" No.2B1.
5) B.Goodlin（TI）"Process Technology Explosion" NCCAVS 2010.
6) S.Kang（Samsung）"TSV Optimization for BEOL Interconnection in Logic Process" 3DIC 2011, p.2.
7) F.X.Che（A＊Star）"Numerical and Experimental Study on Cu Protrusion of Cu-Filled Through-Silicon Vias（TSV）" IEEE 3DIC 2011, p.1.
8) A.Jourdain（IMEC）"Integration of TSVs, wafer thinning and backside passivation on full 300mm wafers for 3D applications" ECTC 2011, p.1122.
9) S.W.Yoon（STATS ChipPAC）"TSV MEOL（Mid-End-of-Line）and its Assembly/Packaging Technology for 3D/2.5D Solutions" ICEP-IAAC 2012, p.1.
10) 山本栄一（岡本工作機械）"TSVウエハ薄層化プロセス技術" 精密工学会第360回講習会, p.21.
11) 武田健一（ASET）"多機能高密度三次元集積化技術" ASET平成24年度研究成果報告会, 2013, p.154.
12) Y.Kurita（NEC Elec.）"A 3D Stacked Memory Integrated on a Logic Device Using SMAFTY Technology" ECTC 2007, p.821.
13) K.Sakuma（IBM）"3D Chip Stacking Technology with Low-Volume Lead-Free Interconnections" ECTC 2007, p.627.
14) 北田秀樹（富士通）"3次元LSI集積化技術" Fujitsu.62.5, 2011, p.601.

第3章
TSVチップの3D積層技術

　TSVが作られたチップを立体的に積層したデバイスは，チップの機能とサイズの組合せでいくつかの可能性がある。その例を図3-1に示すが，図(a)は同じ機能の同一サイズチップの場合，図(b)はサイズ，機能の異なるチップの場合，図(c)は厚さの異なる場合である。いずれも最上部のチップはTSVのないチップ（フリップチップ）でもよく，その場合はビア作成の必要がないので，図(c)のように薄化前の比較的厚いチップ（厚さ200〜500μm）も使われる。

　図3-1ではすべてのチップの表面（配線層側）が下側になっているが，最下層のチップを裏返して配線層が上側の場合もある。これについては4.7節で述べる。またTSVチップを平面的に配置する2.5Dデバイスについては第5章で取り上げる。

　これらの3Dデバイスを組み立てるには，大別して3種類の実装プロセスが考えられ，(1)チップ同士を積層（C to C），(2)チップをウエハに積層後ダイシング（C to W），(3)ウエハ同士を積層後ダイシング（W to W）の3つの方法がある（これらは口語的にC2C，C2W，W2Wと書かれることもある）ので以下に述べる。

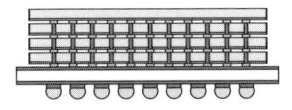

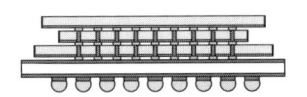

(a) 同種チップ　　(b) 異なるサイズのチップ　　(c) 異なる厚さのチップ

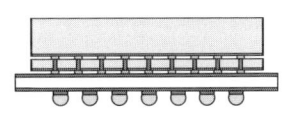

図3-1　TSVチップの各種3D積層

第 3 章　TSV チップの 3D 積層技術

3.1　チップ‐チップ積層とは

　まず C to C 積層は最も基本的な方法で，TSV チップをダイシングして分割し特性測定後，KGD（Known Good Die：良品チップ）のみをフリップチップと同様にピックアップし，不活性ガス中で加熱，加圧して穴のあいたテンプレートなどで位置合わせしながら図 3-2 のように積み重ねる[1]。初期の試作ではかなり位置ずれがあり，小ピッチの TSV 配置には精度的に難しいところがあったが，最近はチップのエッジまたは配線パターンを使い，高精度で画像処理によって位置合わせするボンダーが開発されている。

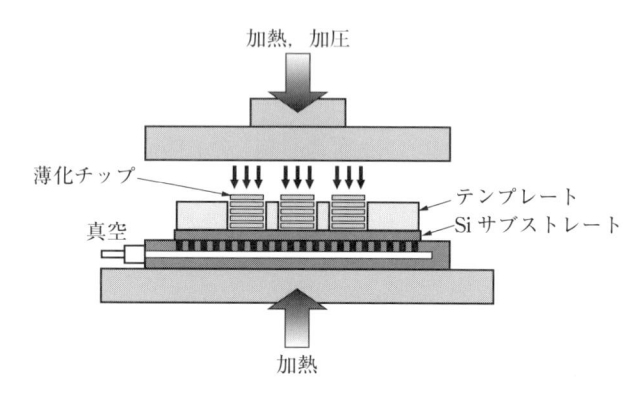

図 3-2　C to C 積層装置の例[1]

　従来の開発論文での発表や試作デバイスは，ほとんどこの C to C 積層となっている。将来のアイデアとしては異種チップの積層も多く提案されているが，実際に製品化された積層デバイスは図 3-1(a) の同一サイズのチップの積層であり，そのすべてが DRAM メモリである。図 3-3 に主要メモリメーカーである，旧エルピーダ，Hynix，Micron の発表例を示す（Samsung の DRAM メモリは図 4-5(a) に示す）。
　これらのチップの位置合わせ精度は数 μm と推定される。チップは 4～8 枚の積層で 1 チップあたり 1～4Gb の容量となっている。少量ではあるが量産品も C to C 積層で作られていると考えられる。各チップは良品なので，最終歩留りはボ

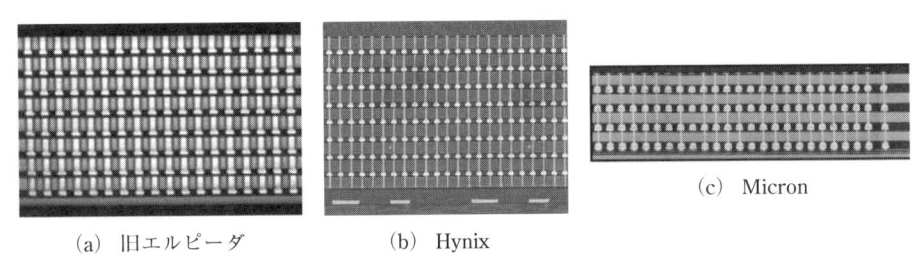

(a) 旧エルピーダ　　(b) Hynix　　(c) Micron

図 3-3　C to C による積層 DRAM メモリ

ンディング歩留りで決まり，かなりよいと思われる。しかしコスト競争の激しい半導体分野では，現在はワイヤボンド積層DRAMメモリが多く，TSVチップはワイヤボンドによるデバイスに比べてコスト高になる。そのためC to C積層は将来の量産品の加工法としては，コストに余裕があり特性を重視するデバイスに主として使われると考えられる。

　DRAMメモリ以外での3D積層は現時点では，コストから考えても2～3チップの積層で，図3-1の図(c)のように，非TSVの厚チップを最上層において，薄いTSVチップを下にする場合が多い。この組合せでは最初に基板にTSVチップをボンディングするのではなく，まず厚チップをTSVチップにボンディングし，次にこの接合体を基板にボンディングする方法が取られる。

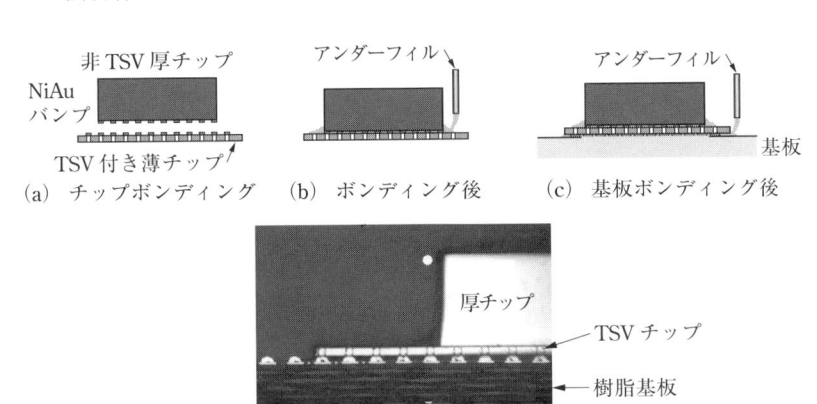

(a) チップボンディング　(b) ボンディング後　(c) 基板ボンディング後

図 3-4　C to C 厚チップ積層の例[2]

その理由として，薄いTSVチップの取扱いは必ずしも容易ではないからであり，また3.6節で後述するワーページ（反り）の回避とも関連する。各種LSIの3D化を進めているIBMの発表[2]を図3-4に示す。ボンディング後すぐにアンダーフィルによってチップを固定して安定化している。5.2節で述べる2.5D構造ではこの場合の下側チップがインターポーザ（トランジスタのない薄化TSV付きチップ）になる。

3.2 チップ-ウエハ積層とは

C to W積層は最下層となるSiウエハ上にKGDチップを積層するものである。半導体デバイスの製造工程としては，ウエハのままでできるだけ最後まで処理するのが基本なので，C to W積層ではC to C積層に比べて工数減少，コストダウンが可能になると思われ多くの実験が行われた。しかしC to W積層の実用化の際にはいくつかの問題がある。

まずC to W積層の場合，ウエハにTSV付きの薄ウエハを使うとウエハサポートが必要になる。また非TSVの厚ウエハを使うと最下層から外部への接続が取れないので，最終的には上下逆転構造にしないといけない。もし未薄化のTSV付き厚ウエハを使うと最後にウエハ薄化プロセスが必要になる。当然であるが最下層ウエハの歩留りがそのまま最終歩留りに影響する。現在は2層までの積層の検討が多く，もう1つチップを載せた3層の積層はまだ報告されていない。

また，開発時に多く用いられた方法は，ビアはビアミドルで作られているがまだ薄化してない，厚いチップをボンディングしてから薄化，頭出しをする方法で，IZM，東北大学などから提案されている。未薄化の厚いチップは薄チップに比べて取扱いやすいからである。図3-5にIZMによる厚チップ積層の状態を示す[3]。図(a)はC to W積層での厚チップボンディング-チップ薄化の工程，図(b)は厚チップ（500 μm）のボンディング，図(c)はウエハ上で10 μmに薄化されたチップを示す。この構造も最終的には厚いウエハの薄化か，上下逆転にする必要があり必ずしも簡単ではない。

C to W積層の別の問題として多くのチップをウエハ全面に搭載するのはかな

3.2 チップ-ウエハ積層とは

(a) 厚チップボンディング-薄化

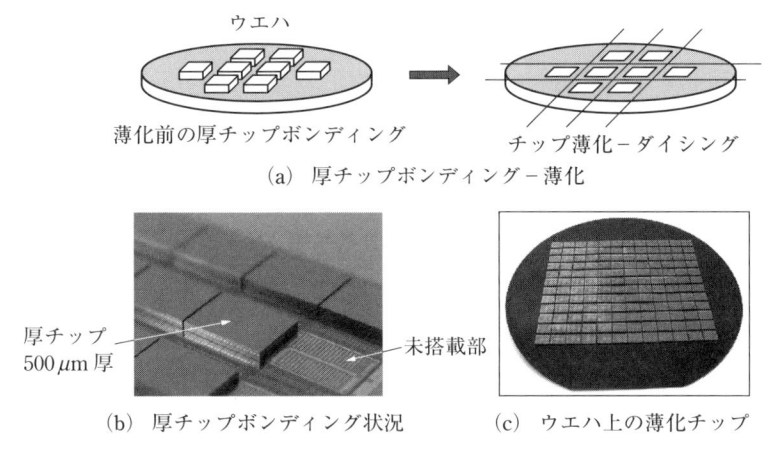

(b) 厚チップボンディング状況   (c) ウエハ上の薄化チップ

図 3-5　C to W 積層[3]

り時間がかかるため,ウエハを長時間加熱しておくことになり,バンプのIMC(金属間化合物)が成長するなどボンディングの信頼性に影響する。この問題を解決するために,最近は図3-6[4]に示すようにウエハ上に薄いアンダーフィルとなる樹脂層を作り,この層に樹脂の接着力を使って仮止めでチップを置く。その後ウエハ全体にチップをおいてから一度に加熱,加圧してボンディングする方法が多く見られる。

これをハイブリッドボンディングと呼んでいる。樹脂を全面に塗布しなくても,ドット状にパターン化してバンプの接着を確保する方法もある。最近はバンプの高さや径が小さくなって,チップ間が狭くなりアンダーフイルの注入が困難になってきたので,ハイブリッドボンディングは有機基板上へのチップボンディングとしても多用されるようになった。

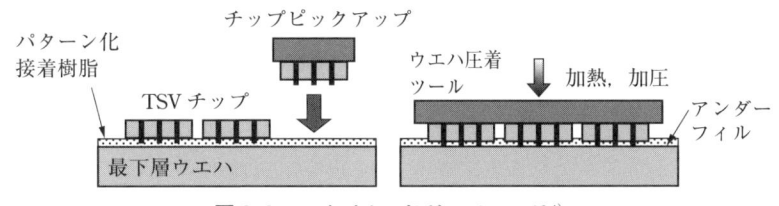

図 3-6　ハイブリッドボンディング[4]

3.3 チップ自動位置合わせ

東北大学ではウエハ上にチップをボンディングする際に膜の撥水性を利用して，自動的に位置合わせをする方法を提案している[5]。チップには径5μmのInAu（低融点合金）のバンプを作り，ウエハ上にはTEOS酸化膜（比較的低温で生成するCVD-SiO_2）上にAlまたはWの配線パターンと，その上にやはりInAuのバンプを作る。チップマウント領域の外側にはフロロカーボンの蒸着で，撥水性の領域を作っておく。

ボンディング時にはチップあたり2μℓの微量の水をのせ，図3-7(a)のようにチップをその近くに置くとチップは水の張力で正確な位置に移動する。チップの位置精度は1μmと正確である。室温で水が蒸発した後200℃の加熱でボンディングする。図(b)にはウエハ上にボンディングされたチップを示す。この技術はチップ上にさらにチップを積むのは難しいと思われるが，5.2節で述べるような2.5D構造としてインターポーザ上にチップを載せるには適していると考えられる。

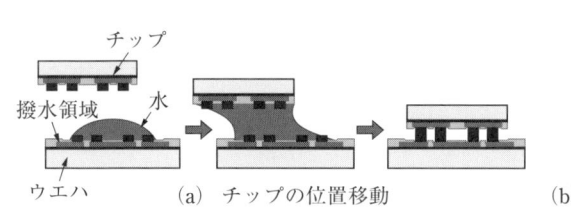

(a) チップの位置移動　　(b) チップ自動ボンディング状態

図3-7　チップの自動位置合わせ[5]

3.4 ウエハ-ウエハ積層とは

W to W積層は図3-8のようにTSV付ウエハを積層後ダイシングするので，半導体プロセスとしては理想的な方法といえるが，歩留りが累積されて実用的では

3.4 ウエハ-ウエハ積層とは

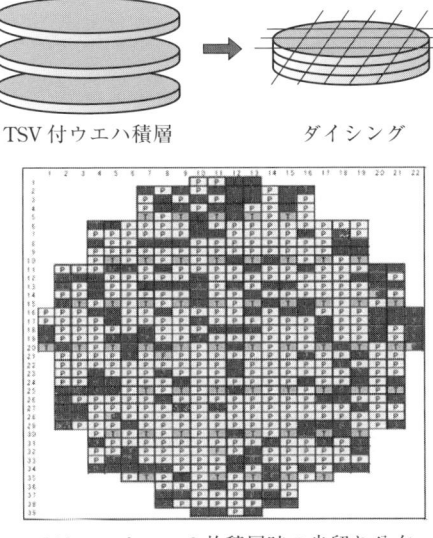

200 mm ウエハ3枚積層時の歩留り分布
（白が良品チップ，テストチップ含む）

図3-8 W to W 積層と歩留り分布[6]

なくなってしまうことが判っているので，あまり実験例は多くはない。薄化したウエハを使う場合はサポートの取扱いも複雑になる。ホンダリサーチが2008年頃行った3枚ウエハの異種チップ積層（メモリ，ロジック，カスタム回路）では，95％程度の単独歩留りウエハが3枚積層後，歩留り85％となり予想通りの結果となった[6]。

図3-8の白部分が200 mmウエハ3枚積層後の良品（テストチップ含む）を示している。2枚のウエハ積層ならば実用化は可能と思われ，高歩留りウエハなら近い将来3枚の積層でも量産化される可能性があると考えられる。その後W to W積層の報告は多くはないが，ASETによって3.5節で述べるW to W積層プラットフォームとして展開され，次世代の3D構造として期待がもてる。

第3章　TSVチップの3D積層技術

3.5　W to Wプラットフォーム

　3.4節で述べたウエハ積層は，すでにTSVを作り込んだ薄ウエハを重ねるという基本的な方法であるが，TSVを作ってないウエハを，重ねたあとでTSVを製作するという方法も，いくつかの利点を持っている。その1つは2.8節で述べたビアアフタースタックである。ビアアフタースタックではビアはウエハの配線側（F側）から作ることになる（ビアラストフロントという）。しかし裏面側（B側）からのビアラストがかなり一般的なOSAT向きの技術と考えられるので，ビアラストバックを使うことも重要である。

(a) 厚ウエハ接合（F to F）
　第2層ウエハ
　ビアミドルTSVウエハ

(b) 上ウエハ薄化-ビアラストTSV
　ビアラストTSVウエハ
　F to F 接続

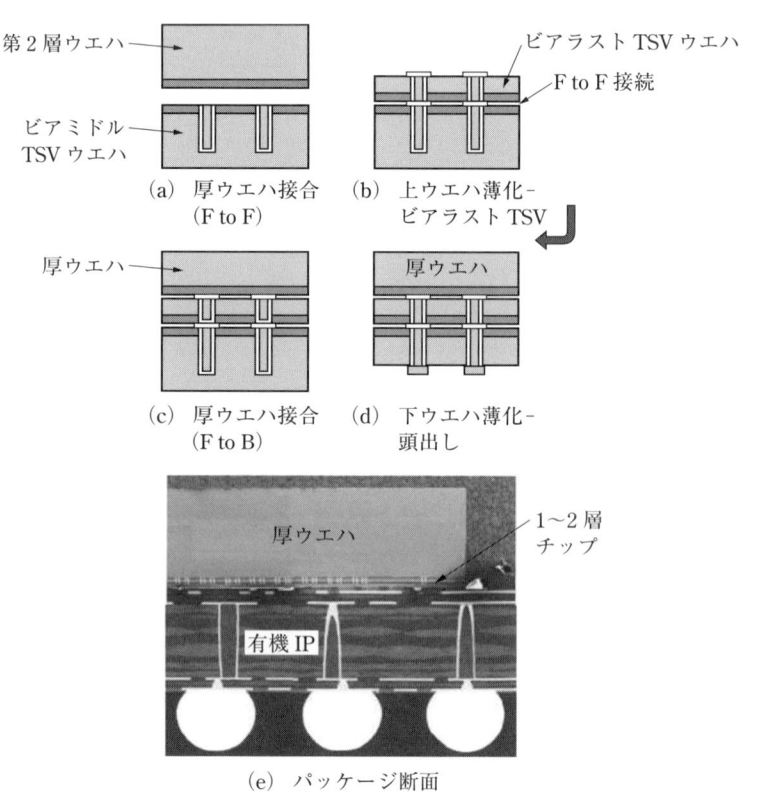

(c) 厚ウエハ接合（F to B）
　厚ウエハ

(d) 下ウエハ薄化-頭出し
　厚ウエハ

(e) パッケージ断面
　厚ウエハ
　1〜2層チップ
　有機IP

図3-9　3D W to Wインテグレーション[7]

また薄ウエハはできるだけ薄くしたいが薄化後は取扱いが容易ではないという問題がある。これを回避するため厚いウエハをサポート的に使い，3Dとしては少なくとも3チップ積層が必要なことなどの条件を満たした3D構造が，ASETが2013年に開発を完了した「3D W to Wインテグレーション技術」である[7]。

　図3-9にプロセスを示す。図(a)の薄化前の第1層ビアミドルTSVウエハは，第2層ウエハのサポートを兼ねている。図(b)の第2層ウエハはビアラストTSVを作り，1～2層ウエハ間はF to F（表面‐表面接続）である。図(c)で厚ウエハをボンディングし，2～3層間はB to F（裏面‐表面接続）となっている。図(d)で第1層ウエハを薄化し頭出しをする。1，2層ウエハは25μmまで薄化してあるので図(e)の断面写真ではほとんど見えない。この構造も上記のウエハ積層の歩留り問題は抱えているが，3D構造のほぼ理想形と考えられ，近い将来の実現の可能性は高いと思われる。

3.6　チップのワーページ

　チップ積層の際の大きな問題はチップのワーページ（反り）である。SiチップのCTE（Coefficient of Thermal Expansion：熱膨張係数）は2.4ppmと低く，つまり高温でもあまり伸びない。一方チップを載せる基板は有機物が多く，たとえば典型的なエポキシ樹脂はCTEが40ppm以上と極めて大きい。このため基板は中心部にガラスクロスなどを入れて，20ppm程度まで平面的なxy方向のCTEを抑えている。

　はんだバンプの付いたフリップチップを想定すると，ボンディング時のリフロー温度ではバンプのはんだが熔け，基板とチップは固定されないで自由になるので，チップ，基板ともに本来の平面度を保っている。しかしリフロー後，温度がやや低下するとはんだが固化し，基板とチップは固定される。さらに室温まで冷却されるとチップと基板のCTEの差によって，基板がチップより大きく縮む。そのため，基板の強度が大きいのでチップを下に反らすように働き，バンプに大きいストレスがかかり，場合によってはチップの端部のバンプが破壊される。

　また，機器の動作時にも温度が上下するため，バンプの切断が起こる可能性が

第3章　TSVチップの3D積層技術

ある。3D構造以前の2D時代にはチップは厚くバンプも大きく，強度もあった。それでもCTE差によるワーページは，フリップチップやエポキシ樹脂でパッケージされたCSPパッケージでも起こり，信頼性低下の大きな原因になっていた。3D時代になるとこの問題はさらにシビアになった。チップははるかに薄くなりバンプも小さくはんだ量も少なくなった。チップは1枚ではなく厚さも異なり，ワーページ現象は極めて複雑化する。

ASETで行った実験[8]は図3-10のように有機基板上に厚チップをボンディングし，その上に(a)厚フリップチップ(b)薄フリップチップ(c)TSV付薄チップ＋厚フリップチップを積層し，ヒートサイクル試験を行った。図(a)と図(c)は1,000サイクルで接続抵抗値が変化し不良となった。最下部のチップは基板と強く接着し高温時には反っていると考えると，厚いチップが最上部にあるとワーページを吸収できずにバンプ接合が破壊する。薄いチップは強度が弱いのでワーページを吸収すると考えられる。

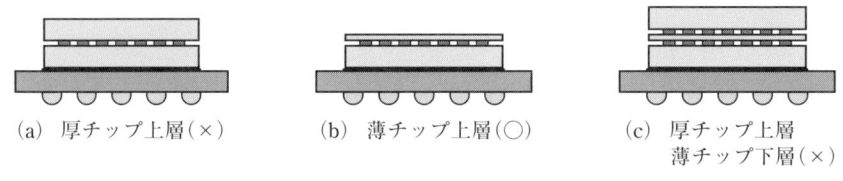

(a) 厚チップ上層(×)　　(b) 薄チップ上層(○)　　(c) 厚チップ上層
　　　　　　　　　　　　　　　　　　　　　　　　　　薄チップ下層(×)

図3-10　積層のワーページ信頼性[8]

しかし，実際の3D構造ではTSVを作るチップは薄い必要があるので下部に置き，TSVのない厚チップは常に最上部に置かねばならない。コスト的にはチップはできれば薄化せずそのまま使いたいが，ワーページ対策は必要である。この考えを実現したデバイスはIBMで試作された3D構造で，2枚のDRAMメモリ混載LSIを積層した。これを図3-11に示すと上側に約500μm厚の非TSVチップ，下側には1/20の厚さの25μmのTSV付きの薄チップで，ほとんど見えない程度の厚さである。そして対ワーページ信頼性を確保するためには，500μmの金属の厚いカバー（リッド）で保護している。

この金属カバーは樹脂に比べてかなりのコストアップになるであろう。しかしこの構造はおそらく2チップである程度の電力を消費する，LSI積層の標準型になると思われる。またこの構造はリッドによってチップを機械的に固定するだけ

でなく，熱抵抗を減少させて内部の熱を放散させる．3Dデバイスの放熱にも有利と思われる．これについては3.7節で触れる．

　ワーページ問題は半導体デバイスでは避けられないと思われていて，3D時代にはこの問題がよりシビアになると想像されている．基本的にはチップの熱膨張係数と，樹脂基板の熱膨張係数の差がある限り避けられない問題ではあるが，最近の樹脂研究の傾向はポリマーの熱膨張係数を，チップと同程度まで下げることを目標にしたものが多い．第8章にこのいくつかを取り上げる．もしこれが可能になるとデバイス設計が一変するかも知れない．もちろん新材料がコスト的に使用できないという事例は過去にも多くあったので楽観はできないが，新しい低CTE材料が活躍することを期待したい．

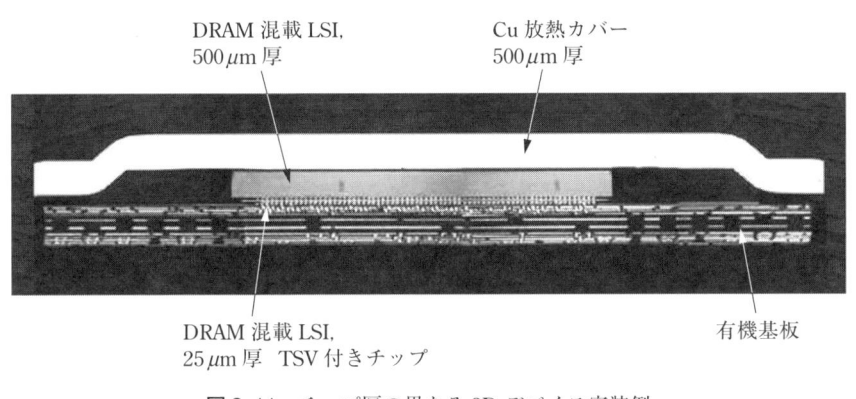

図3-11　チップ厚の異なる3Dデバイス実装例

3.7　3D，2.5Dデバイスの放熱構造

　3D，2.5Dデバイスは多くのチップが近接して配置されるので，当然パッケージの温度は上昇し，放熱性能が重要になると想像される．数年前から放熱構造は多く議論され，チップ内にTSVとは異なる穴を開け，冷却用液体をポンプで循環させる本格的な冷却構造もいくつか提案された．しかしその実現はコスト的，製造技術的にもかなり難しく，むしろ最近は高熱伝導度材料の開発などに注力されている．これはCPUなどの大電力消費デバイスがマルチコア採用や，電源電圧

第3章　TSVチップの3D積層技術

の低減などで低電力化され，また最重要テーマであるモバイル機器では，放熱性はそれほど問題にはなっていないのが理由かも知れない。

典型的な3Dデバイスの放熱で最も問題なのはCPUとDRAMメモリの積層であり，基本的アイデアはいくつか提案されたが，図3-12(a)に示すように放熱器付きで厚いCPUを上に置き，薄いTSV付きのDRAMメモリを下に置く構造(Intel)が代表的である。当然チップが厚くて横方向にも熱拡散されるCPUが直接放熱器に接するのがよいが，CPUの大きい電源電流もDRAMメモリのビアを通す必要があり，やや苦しい設計といえるかも知れない。試作されたデバイスの断面を図(b)に示す。CPUは500 μm厚，DRAMメモリは25 μm厚である。

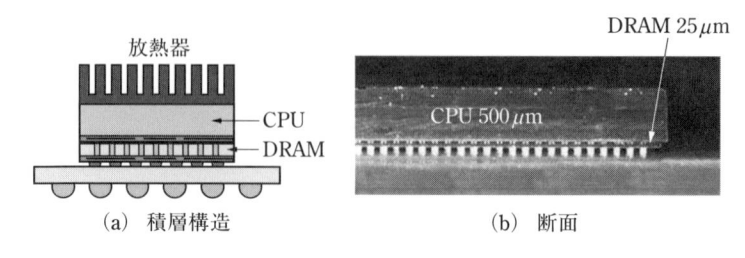

(a)　積層構造　　(b)　断面

図3-12　CPUとDRAMの放熱器付き3D積層

最近の話題である2.5Dデバイスについても，TSVを持つインターポーザは標準的にはTSVを作るコストから見て100 μm厚とし，上に載せるTSVのないチップはコスト的に通常の厚さが望ましいので，ワーページが影響する配置になるのは避けられない。図3-13に示す2.5Dデバイスの例では熱伝導材を介してメタルキャップを使っていて，放熱性もかなり考慮されていると思われるが，当然前述のようにワーページ対策が主要目的であろう（図中の写真と図の構造はやや異なる）。

また図3-14はすでに製品化されているXilinxのFPGAアレイデバイス(Virtex)であり，Cuのメタルキャップを使っている。インターポーザ(IP)は100 μm，FPGAチップは400 μm，メタルキャップは1.5mmと800 μmの基板より厚い。このデバイスの内部については第5章で述べる。

3.8 ワーページの軽減ボンディング

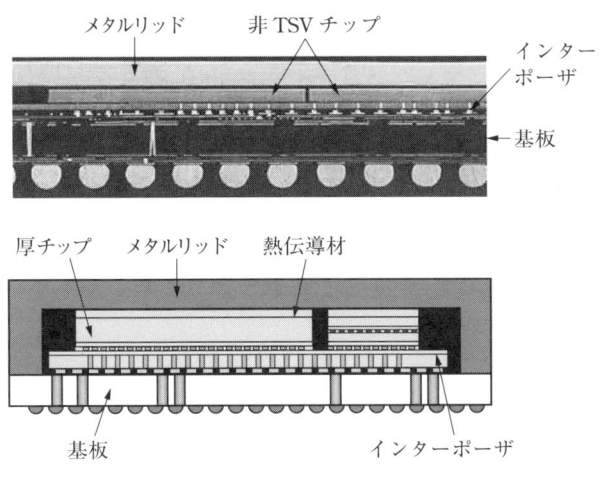

図 3-13 2.5D デバイスの金属カバー

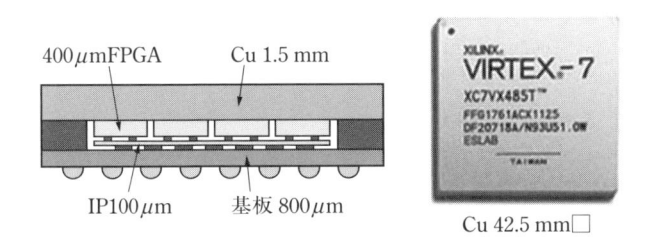

図 3-14 2.5D FPGA アレイの金属キャップ

3.8 ワーページの軽減ボンディング

　3.6節のワーページ問題を軽減する実験がいくつか行われている。新光電気では2.5D構造のボンディングについて検討した[9]。2.5D構造では大型のインターポーザ(IP)を使うことが多いので，ワーページ問題はより重要になる。図3-15(a)のように4個の10×10 mmで，725 μm厚のチップを100 μm厚のTSVインターポーザに載せて，さらに100 μmの基板に載せる場合を考える。チップを一度に

41

積層するのではなく，基板-IP-チップの順（チップラストと呼ぶ）に2層ずつボンディングすると，反り量と基板位置の関係は図(b)のチップラストのようになり，最終デバイスは350μmもの反りが発生する。これに対してチップ-IP-基板の順（チップファーストと呼ぶ）に2層ずつボンディングすると，図(b)のように反りは210μm前後となる。図(b)の場合のチップ＋IPではSi同士なので当然反りが小さい。結論として実験では"チップファーストプロセス"を採用した。

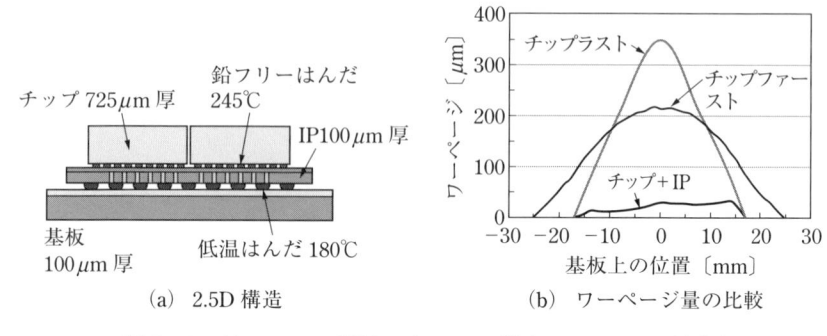

(a) 2.5D構造　　　　　(b) ワーページ量の比較

図3-15 ボンディング順序による2.5D構造のワーページ低減[9]

上述のボンディングプロセスでは次のようにアンダーフィルとはんだ材料を検討した。まずチップ4個をIPにボンディングし，次にチップ間にアンダーフィルを注入，硬化した。アンダーフィルはTg（ガラス転移点）が低く高弾性率のものが適する。アンダーフィルによってチップ-IP接合体のCTEはやや増加し，基板のCTEとの差が減少するので，最終反り量は減少する。

またチップのバンプは鉛フリーはんだを使い，SAC305（SnAgCu）で融点は216℃であり，リフロー温度は245℃が必要である。一方，基板電極のはんだはSn57Biを使用し融点は139℃，リフロー温度は170〜200℃であり，SnAgCuの融点に対して45〜90℃も低い。これによって基板へのリフロー温度が低くなり，最終反り量は小さく抑えられ，すべての信頼性試験に合格した。

3D時代にはパッケージを小型化するため，薄くてコア材を使わず，やや硬度の低いコアレス基板が使われ，ワーページはさらに大きい問題となる。IBMではこのため温度差ボンディング（Differential Heating/Cooling）を開発した[10]。チップも基板も内部は均一ではなく，温度が上がると反るのでボンディング時に

3.8 ワーページの軽減ボンディング

平面が保ちにくい。また通常のボンディングではボンディング時に上下のチップと基板が同じ温度になるので，基板が収縮し冷却時に反りが大きくなる。

これらの問題を改良した方法を図3-16に示す。基板とチップともに真空で吸着して平面を保つ。基板は150℃以下ではCTEが20ppmと小さいので(Tgは176℃)，温度を100℃以下に保って伸長を防ぐ。チップの位置合わせ後チップ温度だけ上昇させる(チップは大きくは伸びない)。そしてバンプのはんだ(SnAg)が熔解してボンディングした後に，チップを冷却することで全体の平面性を保つことに成功した。チップはフリップチップを想定したが，積層チップでもインターポーザ付きでもよく，3D構造に対応できると思われる。この方法でワーページとはんだのストレスが22%減少し，信頼性試験にもパスした。

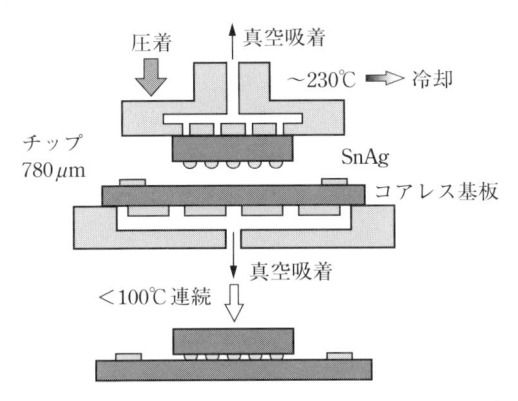

図3-16 温度差ボンディングによる平面性保持[10]

第3章 参考文献

1) K.Sakuma（IBM）"Characterization of Stacked Die Using Die-to-Wafer Integration for High Yield and Throughput" ECTC 2008, p.18.
2) K.Sakuma（IBM）"IMC Bonding for 3D Interconnection" ECTC 2010, p.864.
3) M.Wolf（IZM）"Thru-Silicon Via Technology: R&D at Fraunhofer IZM" EMC3D Asia 2007, p.1.

4) A.Jourdain（IMEC）"Integration of TSVs, Wafer Thinning and Backside Passivation on Full 300mm CMOS Wafer for 3D Application" ECTC 2011, p.1122.
5) T.Fukushima（Tohoku Univ.）"Non-Conductive Film and Compression Molding Technology for self-Assembly-based 3D Integration" ECTC 2012, p.393.
6) 宮川宣明（ホンダリサーチ）"3次元実装技術と脳型処理" SEAJ/SEMI Forum 2008.
7) 武田健一（ASET）"3Dインテグレーション技術" エレクトロニクス実装学会研究会, 2012.
8) 山田（ASET）"多機能高密度三次元集積化技術" ドリームチップ平成23年度研究成果報告会, 2012, p.26.
9) K.Murayama（Shinko）"Warpage Control of Silicon Interposer for 2.5D Package Application" ECTC 2013, p.879.
10) K.Sakuma（IBM）"Flip Chip Assembly Method Employing Differential Heating/Cooling for Large Dies with Coreless Substrates" ECTC 2013, p.667.

第4章
TSVを使ったワイドIOメモリシステム

　TSVは半導体や実装に関係する技術者にとって，極めて魅力的なテーマである。半導体を牽引する微細加工技術は製造装置の極限までの高精度化が必要で，もはや物理，化学，電子の技術者が，ピンセットと顕微鏡でも触れることができなくなっている。しかし，次世代半導体技術といわれるTSV-3D技術に関わるサイズは，最新の微細加工と比べて50倍以上のミクロンレベルとなり，大学，研究所でも充分な研究テーマとして取り上げられる。このため毎年の国際学会でのTSV関連の発表はすでに1,000件以上にもなり，ある意味では過密状態にあるともいえる。

　このように大きく期待されながら，まだ応用製品が少ないのはなぜなのか。その理由の1つには，TSVのいわゆる「キラーアプリ」すなわちTSVを使う，大量の半導体製品と電子製品がまだほとんどないことである。比較的大量に作られるデバイスがあれば，それが技術の中心になり周辺技術を巻き込んで発展してゆく。イメージセンサにTSVが使われているが，これは残念ながら3Dの構造ではなく，主流にはなっていない。

　一方，2010年頃から普及が始まったスマートフォンは，当時の日本の技術者の予想を上回って世界的に広がった。「スマホ」は従来の機器にはない特長を持っているが，まだデータ伝送能力の不足や大きい消費電力などの問題点も抱えている。これらの問題はTSVを使ったワイドIOと呼ばれる技術でかなり解決できることが判ったため，TSVが大きく注目されるようになった。本章ではワイドIOとそれに関連する情報を取り上げることとする。

第4章　TSVを使ったワイドIOメモリシステム

4.1　メモリシステムとバンド幅

　PCなどの電子機器はDRAM（メモリ）に情報を蓄え，それを取り出してプロセッサ（CPU）が処理して結果をディスプレーに表示する。メモリとプロセッサを結んで信号を交換する入出力回路（IO：Input/Output）をバスと呼ぶ。PCなどで使われているバスの本数は基本的には32本（32ビット）であるが，配線の本数としては差動接続（Differential Connection）のため物理的には倍の64本になっている。

　このバスを1秒間に通過するデータ信号の数をBW（Bandwidth：バンド幅）と呼び，データの処理能力を表している。システムのバンド幅は，信号線1本の伝送速度×バスの本数で決められる。プロセッサの動作速度は早く，最新のものは数GHzになっている。一方，DRAMメモリの動作速度はトレンチと呼ぶキャパシタの充電でデータを保持するので，情報の書き込み，読み出しの動作速度は約100MHzと相当に低い。パルス動作ではこの約2倍になるので，速度は200Mbps（メガビット/秒）程度となり，プロセッサに比べてかなり遅い。基本のDRAMメモリのSDR（Single Data Rate：動作速度）によるバンド幅は，200Mbps×32＝6,400Mbpsとなり，現在のPCなどの機器の要求には充分ではない。

　このようにメモリの速度がシステムの速度を制限しているので，これを高速化するためDDR（Double Data Rate）方式が開発された。パルスの立上りと立下りの変化を利用するため，速度は2倍（約400Mbps）になる。その後さらにメモリの動作を改良し，あらかじめ次のメモリ情報を呼び出しておく，プリフェッチ方式によるDDR2（800Mbps），DDR3（1,600Mbps）が開発され，現在はDDR3が主流になっている。

　DDR3のバンド幅は1,600Mbps×32で，51,200Mbpsすなわち6.4GBps（ギガバイト/秒）となる。通常バンド幅はGBps（ギガバイト/秒）で表すことが多い。1,000Mb＝1Gb，8b（ビット）＝1B（バイト）であるので，51,200Mbps＝6.4GBpsとなる。これはDDR2に比べてかなり高速ではあるが，スマホなどのモバイル機器は高速通信や大量の動画の処理の必要性から，さらに大きいバンド幅を要求している。現在は，速度3,200MbpsのDDR4も試作品が発表されている。この場合はバンド幅は10.4GBpsになる。

4.2 ワイドIOからワイドIO2へ

　バンド幅を大きくするにはDDRのように伝送速度を速くするほかにバスの本数を増やす，つまりバスの幅を広げる方法（ワイドバス）がある。この方法は以前から注目されていて，バスのビット数が64ビットまではPCでもすでに一部使用されている。DDRメモリではチップから外部の接続にはワイヤボンデイングを使っていたので，1,000個を超えるような多数の端子の接続は難しい。

　フリップチップ構造では多端子が可能でも，バンプが表面にしかないのでチップの積層はできない。しかしTSVが採用されると短い距離で，多端子たとえば1,000本以上の端子接続と複数チップの積層ができるので，一挙に512ビットのバスが可能になり，広帯域バスすなわち「ワイドIO」という用語がクローズアップされてきた。512ビットのバスになるとメモリの速度は高速化しないままでも，バンド幅は $512 \times 200\,\mathrm{Mbps} = 102{,}400\,\mathrm{Mbps} = 12.8\,\mathrm{GBps}$ が得られ，DDR3の2倍のバンド幅になり，高速の信号伝送が可能になる。

　さらにTSVの利点として消費電力の低減が可能になる。DDRではメモリの高速化のためのロジックチップを追加するか，チップ内に組み込む必要がありこれが電力を消費する。またワイヤ接続によって信号線が長くなるとワイヤが分布定数回路となり，インピーダンスが高くなり信号の減衰による電力消費が増加する。さらにインピーダンス整合のための抵抗をチップ内に付加せねばならず，これも電力を消費する。

　一方，TSVによるワイドIOでは，高速化しないメモリを使うので電力は少なくなり，接続も極めて短縮されるので低インピーダンスになり，結果的に消費電力も大きく低減できる。試算ではワイドIOではDDR3に比べて50％以上の電力節減が可能とされ，スマホに必要な充電回数を少なくできると期待されている。

　図4-1にDDRによるシステムとワイドIOを，自動車とバイクのアナロジーで比較した。同じ荷物（データ信号数）を運ぶのに，DDRは長い道路を高速のスポーツカーで走り，ワイドIOは短距離の道路（TSV）を速度は遅いがバイクを多く使って運ぶ。どちらも運ぶ荷物の量は同じであるが，バイクの方が燃料消費（消費電力）は少ない。ただし道路の建設費（製造コスト）はワイドIOの方が高くなる。

第4章　TSVを使ったワイドIOメモリシステム

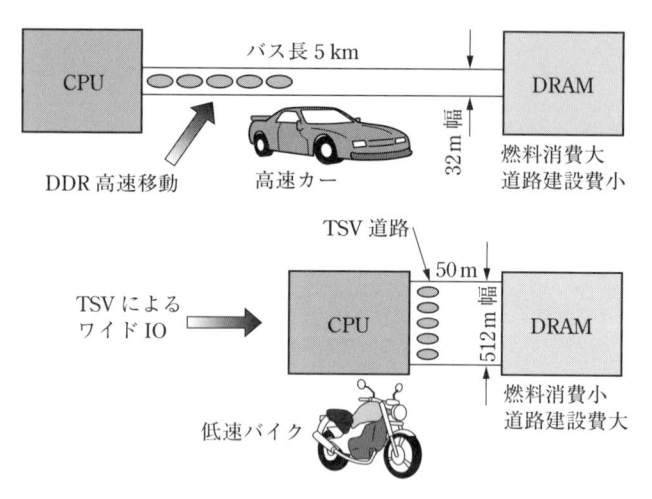

図4-1　DDRとワイドIOの比較アナロジー

　ワイドIOはバンド幅が大きく，消費電力がDDR3の約50％になることから，次世代モバイル用として大きく注目され，2011年には半導体メーカーの多くが参加するJEDEC（米国半導体技術協会）が規格を発表した。
　図4-2にワイドIOを使ったデバイスの基本構造を示す。メモリチップは4枚または2枚で，最上部チップはTSVのないフリップチップでもよい。TSVが最下層のプロセッサチップまで貫通して，有機基板上にボンデイングされている。1枚のメモリでも試作されていて，この場合フリップチップがTSV付きのプロセッサチップに接続される。

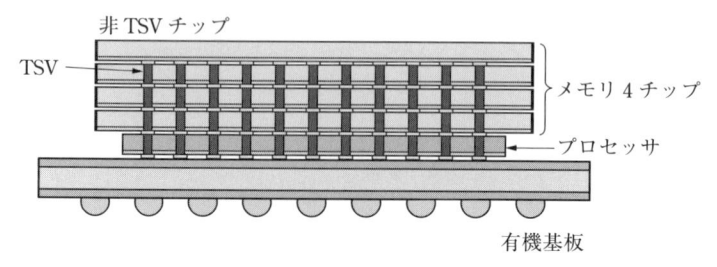

図4-2　ワイドIOの基本構造

4.2 ワイドIOからワイドIO2へ

　ワイドIOは大きな期待を持って迎えられたが，後述する様々な理由で実用化が遅れている。しかしモバイル機器ではさらに大きいバンド幅が要求されているため，DDRによるシステムも開発が進められ，2015年頃にはデータ伝送速度3,200MbpsのDDR4が前述のように，ワイドIOと類似のBW = 10.4GBps程度の性能となると予想される。これらの関係を図4-3に示す。図中LPDDRはLow Power DDRで電源電圧を低くして電力消費を低減したモデルである。ワイドIOはどうしてもコストがやや高くなるので，DDR4の開発により，ワイドIOはもう使えないという意見もあるが，これに対してはさらに高バンド幅のワイドIO2が提案されている。ワイドIO2はメモリチップの高速化によってワイドIOを高速化し，25.6GBpsまたは34GBps程度のバンド幅を持つシステムである。

　これに対してDDRシステムとしてはDDR4の伝送速度をあげて，25GBps程度のバンド幅を持たせる計画があり，さらに高速のDDR5が特殊なグラフィックス用ではあるが計画されている。DDR4とDDR5は伝送速度を高速化するため，消費電力が増加してバッテリーの消耗は大きくなり，発熱対策も必要になるので，今後の技術開発によってワイドIO2のコストが下がってくると，DDRかワイド

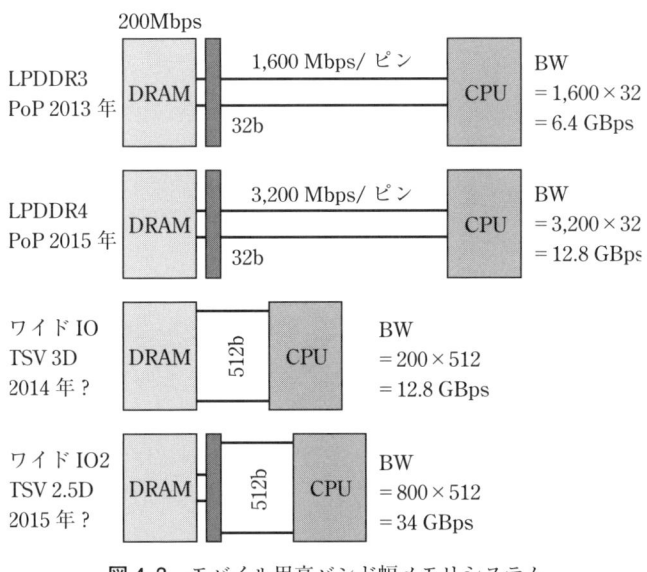

LPDDR3 PoP 2013年: DRAM 200Mbps — 1,600 Mbps/ピン, 32b — CPU BW = 1,600 × 32 = 6.4 GBps

LPDDR4 PoP 2015年: DRAM — 3,200 Mbps/ピン, 32b — CPU BW = 3,200 × 32 = 12.8 GBps

ワイドIO TSV 3D 2014年?: DRAM 512b CPU BW = 200 × 512 = 12.8 GBps

ワイドIO2 TSV 2.5D 2015年?: DRAM 512b CPU BW = 800 × 512 = 34 GBps

図4-3　モバイル用高バンド幅メモリシステム

IOかの選択が難しくなってくると推測される。

　次世代のDDR4とワイドIO2を比べてみると，両方とも細部はまだ明らかではないが，DDR4はCPUとの伝送速度を速くするのに対し，ワイドIO2は512bバスを保ちながらDRAMを高速化するので，現在の512bバスとそのテクノロジーはそのまま使えると考えられる。ただし構造についてはコストなどの理由から，6.1節で述べるように3Dではなく2.5D構造になる可能性が強い。消費電力についてはワイドIO2がワイドIOより増加するとはいえ，DDR系よりかなり少ない。

　モバイル用を想定すると，DDR4またはDDR5ではスマホを手に持って熱く感ずることが問題になる可能性がある。そのためスマホ用としてはワイドIO2が有利であるという意見があり，コストを考慮するとDDR系はPC，サーバー用，ワイドIO2はスマホ専用になるという意見が多いようである。

4.3　ワイドIOのフロアプランとメモリチップ

　TSVを使ったワイドIOメモリシステムではメモリとプロセッサの両方に，同じ配置のTSVすなわちバンプ（接続端子）配置が必要になる。このためJEDEC規格ではフロアプランとしてバンプ配置の規格を作成した。

　バス線は差動入力のため512×2＝1,024個であるが，チップの中央に電源やそのほかのバンプを含んで1,200個のバンプを配置する。TSVのバスは4チャンネルに分かれていて，図4-4にチップ上の配置と1チャンネルの拡大図および，Qualcommによる実際のバンプの状態[1]を示す。

　TSVエリアはできるだけ小さくするのがチップコストの点から望まれるが，有機基板の現在技術から見て妥当な，バンプピッチである40×50 μmになっている。次期モデルであるワイドIO2の場合は40×40 μmとして，TSVエリアは約20％小さい面積になっている。このピッチだとバンプの直径はその約半分の15～20 μmとなる。従来使われていたフリップチップではバンプの直径40～80 μmなので，相当なバンプの小型化が必要になり，ボンディング技術にもかなりな制約が加わる。マイクロバンプとボンディングについては第8章を参照されたい。

　DRAMメーカーはこのワイドIO規格によるDRAMチップをすでに完成してい

4.3 ワイドIOのフロアプランとメモリチップ

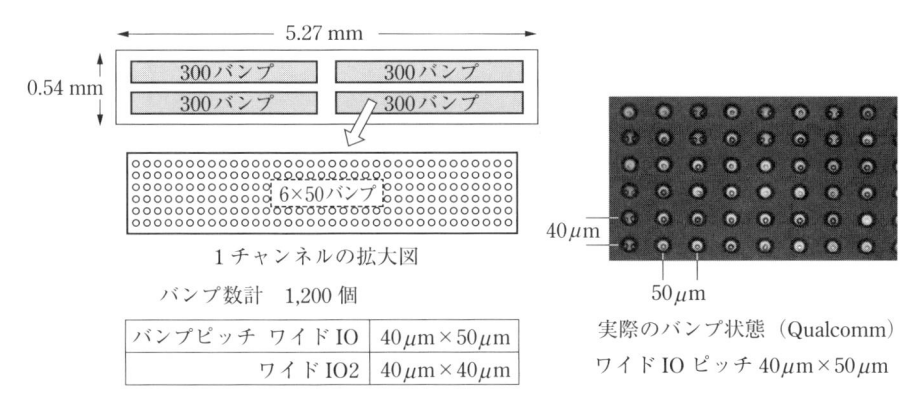

図4-4 ワイドIOとワイドIO2の端子配置[1]

バンプピッチ ワイドIO	$40\,\mu\mathrm{m} \times 50\,\mu\mathrm{m}$
ワイドIO2	$40\,\mu\mathrm{m} \times 40\,\mu\mathrm{m}$

る。このTSV付DRAMチップはプロセッサと積層しなくても，メモリだけでも従来のワイヤボンドDRAMメモリより消費電力などで優位性があるので，メモリ単体としてすでに製品化されている。

図4-5に旧エルピーダ（現在マイクロンジャパン）の4Gbチップ[2]とSamsungの4Gbチップ[3]の例を示す。ワイドIO2の場合はチップの設計が変わることになるがバス幅は変わらず，端子数は同じであるが，ワイドIO2用にバンプピッチが縮小されている。ワイドIO2は2.5D化される可能性が大きいので，インターポーザ上の配線ピッチの微小化が進んでいることも考慮されたものと思われる。これ

(a) エルピーダ[2]　　　(b) Samsung[3]

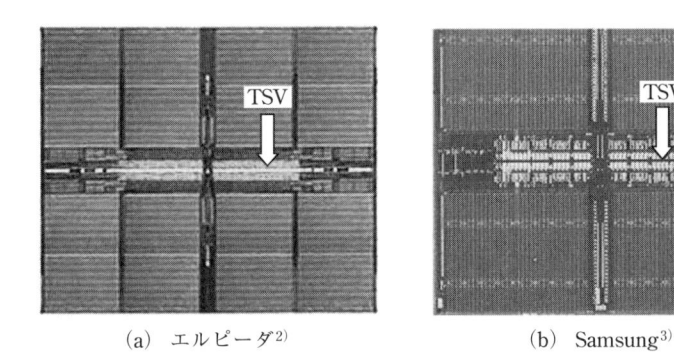

図4-5 ワイドIO用TSV-DRAMチップ

第4章　TSVを使ったワイドIOメモリシステム

については7.1節を参照のこと。

4.4　ワイドIO用プロセッサチップ

　ワイドIO用のメモリは開発がほとんど完了しているが，これと組み合わせるプロセッサのTSV化はやや遅れている。これにはいくつかの理由がある。メモリチップは中央部にTSVを集めてもチップサイズがやや大きくなる程度で，チップのパターンはそれほど影響を受けない。しかしプロセッサでは配線の引き回しが複雑であるためパターンの変更が必要で，それが動作に影響するといわれる。またプロセッサの多くがいわゆるファウンダリで製造されているため，TSVの適用がやや遅れているという意見もあるが，すでにいくつかのチップが試作されワイドIOとして発表されている。

　図4-6(a)にCAEとST-Ericsonの試作したSoCチップ(システムオンチップ，プロセッサを含む総称)を示す[4]。中央にJEDEC規格に沿ったTSV領域がある。図(b)はワイドIOデバイスの断面を示すが，メモリチップがやや反っているのがわかる。チップの反り現象については3.6節を参照のこと。そのほかの例としてQualcomm-TSMC-Amkorで試作されたワイドIOの断面[5]を図4-7(a)，(b)に示す。図(a)のメモリは厚いフリップチップになっている。

　写真があまり鮮明ではないがプロセッサのTSVはフリップチップのバンプと接続している。これについては4.7節を参照のこと。図(b)はメモリが2チップのX線画像である。TSVが整列しているのがわかる。図(c)はSamsungの1メモリのワイドIOを示す[6]。メモリチップの枚数が少ないのは動作確認用のためと思われる。QualcommとSamsungは世界でのスマホのシェアが大きく，この2社が踏み切れば近い将来にはワイドIOがスマホに適用される期待が大きい。

　ワイドIOシステムはこのように試作が進行しているが，最新のスマホ(iPhone6など)でもまだ使われてはいない。次の4.5節で述べるようにいくつかの問題点を持っているためではあるが，モバイル機器に対しては利点が多いので，さらに広バンド幅のワイドIO2または製造の容易な2.5D構造の開発に期待が掛けられている。

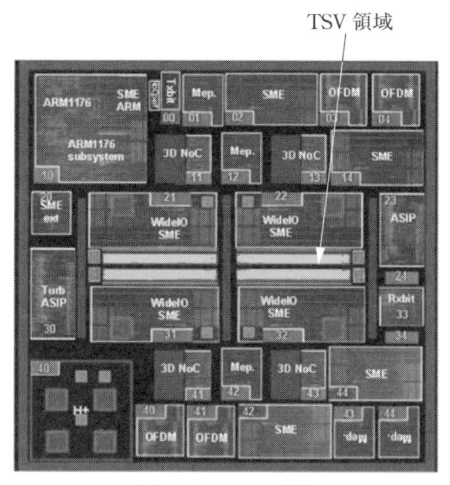

4.4 ワイドIO用プロセッサチップ

(a) SoC チップ[4]

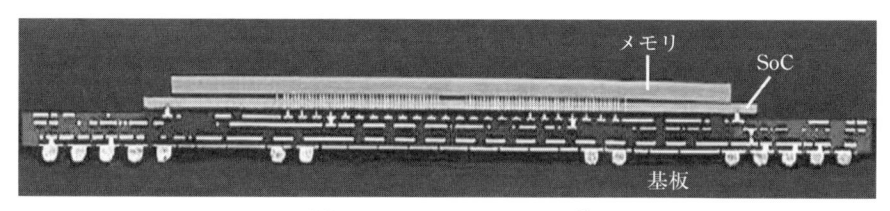

(b) ワイド IO デバイス断面[5]

図 4-6 TSV 付きプロセッサとワイド IO デバイス断面

(a) メモリ 1 チップ
（Qualcomm）

(b) メモリ 2 チップ
X 線画像
（Qualcomm）

(c) メモリ 1 チップ
（Samsung）

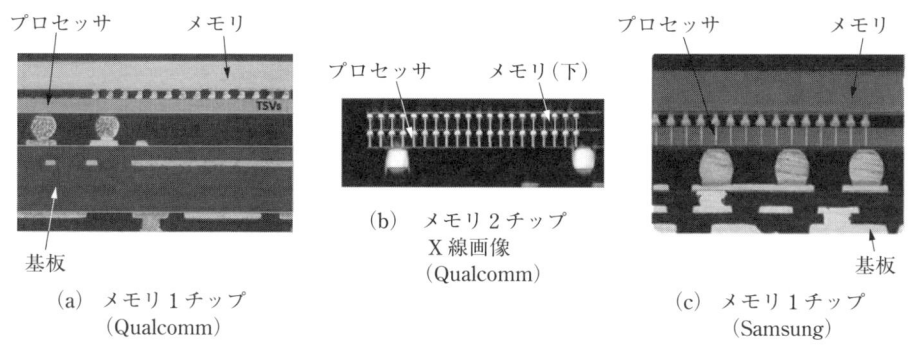

図 4-7 主要ワイド IO デバイスの例[6]

4.5　ワイドIOの製造コストと歩留りコスト

　ワイドIOはすでに述べたようにいくつかの利点を持っていて，次世代半導体の基本技術になると期待されながら，その実用化の足取りは遅い。その理由は製造コスト高が問題とされている。しかし私見では問題は単にコストだけではなく，複合的だと考えられる。上述のプロセッサへのTSV応用の難しさに加えて3つの問題点として製造コスト，歩留り，サプライチェーンについて述べる。

　まず製造コストについて考えると，半導体のコストは製造にかなり長期間が必要なため，製造ラインでの製造装置の償却費，材料費，歩留りなどによって決まる。従来の半導体では長期間が必要であった製造期間が，技術開発や装置の改良によって，1つの製作プロセスの時間はかなり短縮化されてはいるが，それでも全体として4〜5か月が必要とされている。また，標準的なデバイスでは加工深さは10μm以下であるのに対して，TSVのビア開孔深さは標準では50μmで，半導体プロセス中ではきわめて深い加工プロセスになり，かなりの時間を必要とする。またビアのCuめっきについても同様で，比較的長時間のプロセスになる。長時間のプロセスは必要装置の台数が増えコストアップになる。

　次にウエハ積層時（W to W）の理論的歩留り低下について考えると，すでに第3章で述べたが，もし積層時にC to Cプロセスを採用すると，チップ分離後のプロセスが多くなり，2次元デバイスでは有効だったウエハ大口径化のメリットが少なくなる。

　ワイドIOでは標準で1,200前後のバンプが必要である。バンプは小さくなって加工精度が厳しくなり，歩留りに関係するボンディングの位置ずれ，バンプ高さの平坦性，熔解はんだ金属の流れ，アンダーフィルの充填不良などが歩留り低下をもたらす。ある初期的実験ではTSVの1バンプあたりの歩留りは0.04％と報告されているが，この歩留りでは実用化は難しい。このようにフリップチップ時代では想像できない歩留り低下の可能性もある。さらに積層するチップが別メーカーで製造されることを想定すると，バンプ形状や使用材料の整合性なども充分検討しなければならない。

4.6 TSVサプライチェーンとモバイル市場

　ワイドIO用のメモリとプロセッサは，現状では異なるメーカーで作られるが，これは半導体の大きな流れでやむを得ない。さらに各チップ中のTSVの加工については，すでに2.6節で述べたように，半導体のサプライチェーンのどこで作られるかはまだ確定的でなく，少なくとも複数で製造される可能性がある。この分割生産は上述の歩留りや信頼性にも影響する。さらに生産数量，輸送，納期，製品検査などの複雑な問題が発生する心配もある。特に，スマホ用半導体は世界的に最大の需要があり，ワイドIOが採用されれば，年間数億個の生産量が必要になるといわれる。これにはかなりの生産準備期間が必要で，開発が終わっても量産にはなかなか踏み切れないようである。これもワイドIOの立上りが遅れている理由の1つとされている。

　4.2節でワイドIO用プロセッサのTSV化について述べたが，試作はある程度終わっているが必ずしも完成していない。4.7節で述べるようにF to F接続にすれば，プロセッサの加工が容易になり，ある程度の効果はあるが完全ではない。結局プロセッサにはあまり手を加えずに組み込むのが適当と思われる。そこで登場するのが2.5Dである。2.5Dではプロセッサにほとんど手を加えずに，ワイドIOができる可能性がある。3Dで無理をしなくても2.5D，またはその先の2.1Dの完成を待とうという意見が強くなっている。本書執筆時点ではまだ先は見えていない。

4.7 ワイドIOのバリエーション

　ワイドIOの基本構造は4.2節に示したが，実用化が遅れているなかで上述したようにいくつか問題点も指摘され，性能的に対抗するDRAM系も開発が進んでいる。そのためワイドIOの性能を向上する試みや，ワイドIOの利点を保ちながら，構造を変えたデバイスもいくつか発表されているので，これらについて説明する。ワイドIOの次期高速型としてワイドIO2についてはすでに4.2節で述べたので，ここでは構造の異なるワイドIOデバイスについて述べる。

第4章　TSVを使ったワイドIOメモリシステム

　まず，F to F接続とF to B接続を使ったワイドIOデバイスについて述べる。F to F接続はFront to Frontすなわちチップの配線側（Front）同士を接続したものである。図4-2のワイドIO基本構造は上層チップの配線側と下層チップの裏面側（Back）を接続していて，これをF to B接続と呼ぶ。メモリチップを1枚と仮定するとF to B接続は図4-8(a)となり，F to F接続は図(b)のようになる。F to B接続ではメモリのTSVと同じ位置に，プロセッサにも同数のTSVが作られ，そのまま基板に接続される。基板上のボンデイングパッドの配置も同じになる。メモリとプロセッサの回路の接続点は下部にあるプロセッサの配線層になる。

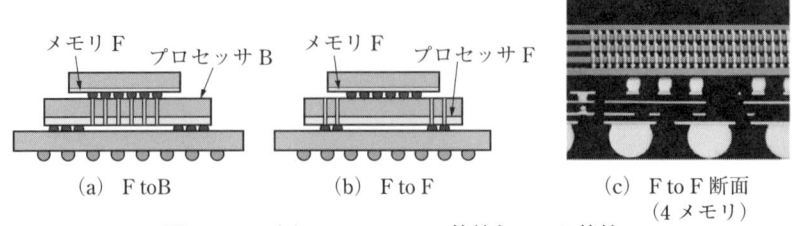

　　　メモリF　　プロセッサB　　　　メモリF　　プロセッサF

　　　(a)　F to B　　　　　(b)　F to F　　　　(c)　F to F 断面
　　　　　　　　　　　　　　　　　　　　　　　　　　　　（4メモリ）

図4-8　ワイドIOでのF to B接続とF to F接続

　しかしF to F接続では回路の接続点はプロセッサの配線層，すわなちチップ表面で終結するので，プロセッサの配線層中で再配線され，外部へのTSVはメモリと同位置でなくてもよい。すなわちチップの自由な場所，たとえばチップ周辺でもよく，またTSVの数はワイドバスの数ではなく，プロセッサから外部回路への接続線数になり，TSVの数を少なくできる。たとえば512本のバスTSV接続を100本前後に減らすこともでき，プロセッサにとっては大変有利になる。そのためF to F接続はいくつかの試作例がある。Qualcommも図4-7(a)の2013年のF to B接続の発表以前に図4-8(c)のF to F接続を発表しているが，結局F to B接続を選択したようである。

　F to F接続はこのように製造面では有利ではあるが別の問題がある。プロセッサの動作速度はメモリと違って，極めて高速で数GHzのものが多く，プロセッサと外部回路は高速での伝送が必要であり，プロセッサのTSVはこの高速伝送に対応せねばならない。TSVのビアは導体を薄い絶縁物で囲んだ構造であり，導体と外部（グランド電位のSi）の間には静電容量があり，分布定数回路になって

4.8 インターポーザ付きワイドIO

伝送周波数が制限される。

この周波数はTSVの径と長さ（チップの厚さ）によって変わるが，シミュレーション[7]によるとビア径が6μm，長さ50μmでは伝送周波数の制限は，8.6 GHzでプロセッサの動作周波数5 GHzを上回るが，これよりビアが太く，長くなると動作周波数が制限される。したがってビアはなるべく細く短くする必要があり，ビア本数は少なくなるがビア特性が問題になる。こう考えると結局FtoB接続の方が周波数的には有利な構造であるといえる。

今後TSVの径がもっと細くなり，またビアの容量減少，たとえば絶縁層を厚くしたり，絶縁物質を変更したりするなどの検討が行われれば，FtoF接続が主流になる可能性はある。

4.8 インターポーザ付きワイドIO

将来ワイドIOのバス端子数が極めて多くなることを想定すると，プロセッサチップ内のTSV数を少なくするため，FtoF接続が望ましい。そのためバンプを配線層のトランジスタ上部に置くと，バンプの熱的ストレスがプロセッサの動作に影響するので，バンプ領域を確保しなければならない。ASETの研究テーマの「超ワイドバス」のSiP（システムインパッケージ）構造では，実に4,096bのバスを採用し，バンド幅は100 GBpsという大伝送量になる。この多数のバスライン

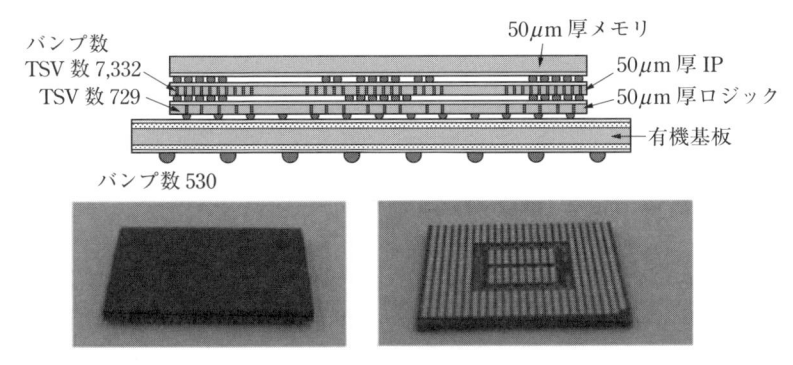

図 4-9 超ワイドバス SiP の構造と外観[8]

を処理するために、トランジスタのないTSVのみのSiインターポーザを挿入し、F to F接続のプロセッサのTSV数を729本に抑えた[8]。メモリ-インターポーザ間もF to F接続になっている。この構造とデバイス外観を図4-9に示す。

第4章　参考文献

1) V.Ramachandran（Qualcomm）"A Wide I/O Memory-on-Logic Product Prototype Enabled by Through-Silicon Stacking Technology" IMAPS 2013, WA13, p.442.
2) エルピーダニュースリリース "次世代Mobile RAMのサンプル出荷を開始" 2011.
3) ECN Newsletter "Samsung Wide IO Memory for Mobile Products-A Deeper Look" 2011.
4) D.Dutoit（CEA）"A 0.9 pj/bit 12.8 GByte/s Wide IO Memory Interface in a 3D-IC NoC-based MPSoC" 2013, "Symposium on VLSI Circuit" C23, 2013.
5) D.W.Kim（Qualcomm）"Development of 3D Through Silicon Stack（TSS）Assembly for Wide IO Memory to Logic Device Integration" ECTC 2013, p.77.
6) Samsung Foundry "3D TSV Technology & Wide IO Memory Solutions" Design Automation Conference 2012.
7) J.Roullard（Univ.of Savoie）"Evaluation of 3D Interconnection Routing and Stacking Strategy to Optimize High Speed Transmission for Memory on Logic" ECTC 2012, p.8.
8) 内山士郎："超ワイドバスSiP 3D技術" ドリームチップ平成23年度研究成果報告会, 2012, p.51.

第5章
2.5D TSVチップ積層構造

　トランジスタなどのアクティブ素子がなく，TSVと配線が作られているSiインターポーザ上にチップを平面的に配置する，2.5D（2.5次元）構造に注目が集まってきた。インターポーザはすでに2005年頃からその重要性が議論されてきたが，2D（平面的）と3D（立体的）の中間の性能を持ち，いくつかの特長もあることからポピュラーになってきた。2010年頃からLSIチップの大型化対策としてFPGAアレイ（プログラム変更可能ゲートアレイ）などが試作され，有用なことが認識された。

　そしてワイドIOについては，プロセッサ内にTSVを作るのが難しいことが大きなネックになっていることから，2.5D構造が1つの解になるという意見が広がり，またワイドIOだけでなくメモリシステム全体にも2.5D化が有用という流れが大きくなってきた。2.5D構造は本書でも重要なテーマであるので以下に述べる。

5.1　2.5DワイドIOとワイドIO2

　第4章でワイドIOについて説明したように，メモリチップへのTSV導入は完成しているが，問題はプロセッサチップにTSVの適用が難しいことである。Siインターポーザを使って非TSVプロセッサを搭載することで，この問題を解決するのが図5-1に示す2.5DワイドIOである。

　TSV付きのメモリスタックと非TSVプロセッサチップを並べて，微細な表面配線で接続が可能な，TSVが作られているSiインターポーザ上に配置する。プロセッサからはインターポーザのTSVを介して外部に接続される。このときワイドIOとして最も重要なチップ間のバス接続は，ワイドIOの場合のプロセッサの

第 5 章　2.5D TSV チップ積層構造

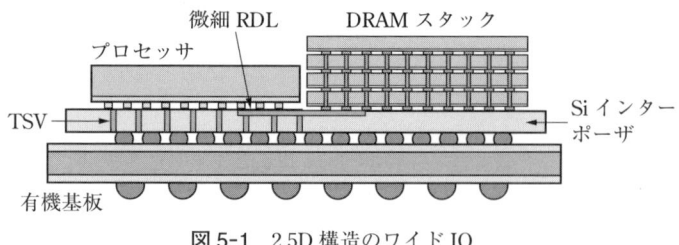

図 5-1　2.5D 構造のワイド IO

　TSV の縦方向配線が，インターポーザの横方向の表面配線 (RDL) で置き替えられることになる．すでに述べたようにワイド IO の次期モデルであるワイド IO2 も，メモリチップが変わる可能性があるが，ビア接続を考えると同じなので 2.5D ワイド IO2 でも同じ考え方が適用できる．

　ここで，チップ間のバスの接続長さを考えると，図 5-2(a) で示すように，もしバンプ領域がチップ中央付近にあると，ほぼチップの大きさと同じでバスの長さは 5〜7 mm 程度になる．しかしチップの設計を変えてチップのエッジにバンプを配置できると，図 (b) のように最短で 500 μm 前後は可能と思われる．これは 3D の場合の TSV の長さ (〜50 μm) に比べて約 10 倍になる．さらに配線はインターポーザの表面配線層だけでなく，下層にも接続することで配線加工の余裕度ができるので，2 層ないし 3 層も使う可能性が多い．

　加えて引き回しなどで接続が長くなると，信号の減衰と消費電力が大きくなって，ワイド IO のメリットが多少失われると想像される．500 μm の場合の最高伝送周波数は CEA などのシミュレーション[1]によれば 5.4 GHz で，もし長さが 7 mm になると 1.1 GHz になる．これはワイド IO の伝送周波数 100〜200 MHz より相当

(a)　$L = 7$ mm
　　 動作周波数 = 1.1 GHz

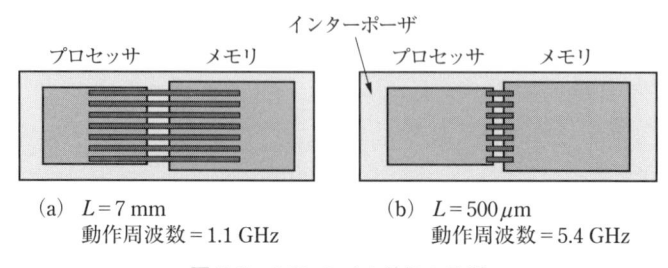

(b)　$L = 500$ μm
　　 動作周波数 = 5.4 GHz

図 5-2　2.5D のバス長さの予測

5.1 2.5DワイドIOとワイドIO2

に大きい。すなわち2.5D構造では，バス長は信号減衰に関しては影響が少ないといえるが，将来さらにワイドIO2などで高速化の要求から伝送周波数が上昇すると，3D構造に比べてやや不利になると考えられる。

また2.5D構造の場合の電力消費についても検討されている[2]。2.5Dでは3Dに比べて接続長が長いので消費電力はやや増加するが，伝送周波数は100〜200 MHzなので，電力のロスはそれほど大きくない。しかしワイドIO2では伝送周波数を高くする可能性があるので，消費電力に関しては不利な方向である。インターポーザのバス配線長と電力効率〔mW/Gbps〕の関係を，メモリが1枚の場合と4枚の場合を図5-3(a)に示す。また配線ピッチ（すなわち配線幅の約2倍）

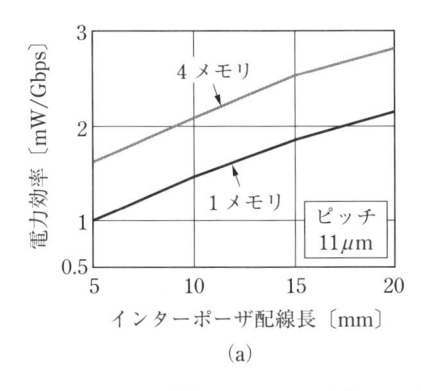

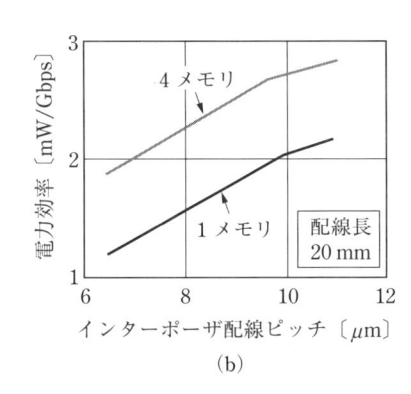

図5-3 2.5DワイドIOの配線長およびピッチと電力効率

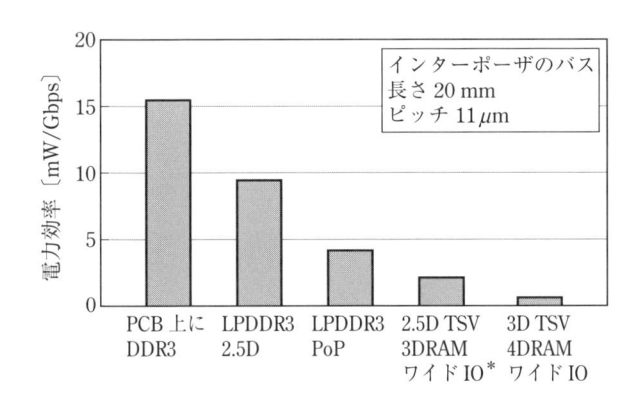

図5-4 メモリシステムの電力効率の比較

による電力効率を図5-3(b)に示す。

　配線幅が広いとグランドとの容量が大きくなり，効率が低下するので狭い幅の方が電力効率はよくなる。図中でメモリが4チップの場合はチップ内のTSVの長さがプラスされるので電力は増加する。また3Dと2.5Dの各種のメモリシステム構造の電力効率比較を図5-4に示す。ワイヤボンドのDDR3をPCB上に，またインターポーザに載せた場合をLPDDR3 2.5Dに示す。2.5Dの場合のRDL長さは20mm，ピッチ11μmである。

5.2　2.5D用Siインターポーザ

　2.5D構造は3Dよりも製作の問題が少ない点が有利であるが，重要な問題はインターポーザのTSVの周波数特性である。プロセッサの外部回路すなわちインターポーザのTSVを通過する信号周波数は，4.4節で述べたように最高5GHz前後なので，TSVの分布定数回路としての周波数特性が重要である。インターポーザのTSVの径が10μm，長さが80μmと仮定すると，通常のLSI用のSiの抵抗率の場合，最大周波数は3.3GHzとなり使用するのが難しくなる[2]。

　第4章のF to F接続ではTSVはアクティブチップ（トランジスタを含むチップ）中に作られるのでSiの抵抗率を変えることは難しいが，インターポーザではもっと高抵抗率のSiが使えるので，これがインターポーザの利点といえよう。またインターポーザはビア作成も自由度があるので，ビア絶縁物の材料や厚さも変更しやすい。

　ここでインターポーザの開発についてまとめておくと，Siインターポーザはトランジスタのないパッシブチップで，TSVと表面にCuまたはAlの配線層，表裏に接続用のバンプを持つ構造である。TSVを持つSiインターポーザ技術は，ワイドIO開発に先行して2006年頃から大日本印刷，フジクラ，三菱電機などで開発され，半導体専門ではないメーカーでも開発可能なことを示し，現在の2.5Dの基本技術となった。

　TSVの作成はウエハの途中まで開孔し，ウエハを薄化するビアミドル類似の方法と，薄型ウエハを貫通するビアラスト類似の方法がある。ビアの絶縁膜として

5.2 2.5D用Siインターポーザ

はトランジスタが必要ないことから，高温加工が可能になり1,200℃前後の熱酸化法も使われる。インターポーザの厚さについては，有機基板との熱膨張係数差によるワーページを防ぐためと，取扱い時にサポートを必要としないためには厚い方がよく，ビア作成の容易さからは薄い方がよいが，100～200μmが多く使われている。

表面配線については2006年当時は，ワイドIOのような微細ピッチの要求は少なく，有機基板と同じポリイミド，エポキシなどの有機絶縁物プラスCu配線やCVD酸化膜とCu配線が使われた。大日本印刷では表面の微細配線を目的に硬質で誘電正接0.0008，誘電率2.65のBCB（Benzocyrobutene：ベンゾシクロブテン）を使い，5μm/5μmのL/Sを得ていた。

その後，ビアの挿入損失を改善するため容量を減少することが検討され，高抵抗率のSiの使用やビア酸化膜の厚膜化が提案された。図5-5にその例を示す[3]。この結果から挿入損失はSiの抵抗率（ρ）が1～4KΩcm，酸化膜厚が1μmで充分改善されると考えられる。ただし通常の半導体用のSiは抵抗率が1Ωcmかそれ以下で量産されているので，高抵抗率Siは需要が少なく価格が相当に高いといわれている。

またワイドIO用インターポーザとしては，表面配線はTSVのビアピッチに充分適合する数μm幅の微細配線が必要になり，Cu配線の場合はICの配線と同様に，CuめっきとCMPを利用したダマシンプロセスも使われ，その一例を図5-6に示す[4]。ダマシンプロセスによる多層配線についてはITRIなどでさらに検討が

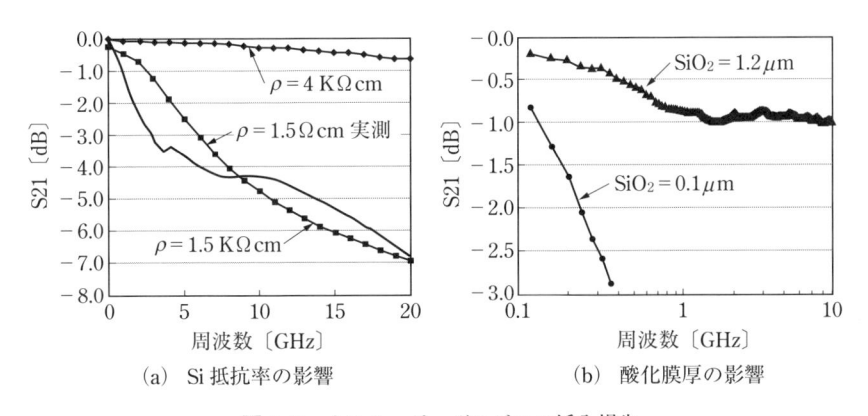

(a) Si抵抗率の影響　　(b) 酸化膜厚の影響

図5-5 インターポーザのビアの挿入損失

第5章　2.5D TSVチップ積層構造

進んでいるので，6.4節で取り上げる。またビア容量の減少については5.2節のSiの高抵抗率化や酸化膜厚増加のほかに，リング構造なども検討されているが，最近ではASET，ナプラ共同でビアの絶縁層をSiO_2の微粉末で充填，蒸散（固形化）することで容量を減少させる方法（9.2節）を開発している。

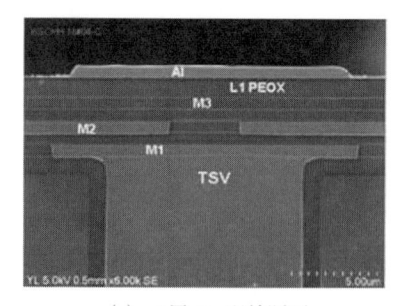

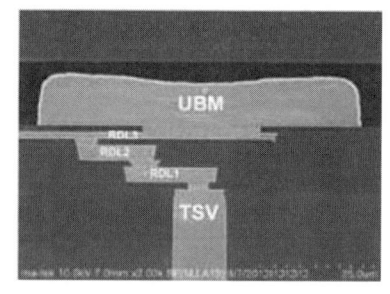

(a)　4層Cu配線断面　　　　　(b)　ボンディングパッド付き

図5-6　ダマシン配線インターポーザ断面[4]

　このように2.5Dデバイスのインターポーザは，微細配線の必要性からSiに限ると考えられていたが，コスト的には大型のSiチップを追加したことになり，デバイスのコストアップが考えられる。これに対して有機基板メーカーが微細配線と低熱膨張係数改善の技術開発を進めた結果，有機材料によるインターポーザの可能性が出てきた。この技術はさらに2.1D（すなわちインターポーザを使わない構造）の可能性も持っている。さらに進んで絶縁物であるガラスインターポーザも検討の結果使用できる可能性があり，有機インターポーザと並んで関連メーカーによる開発が激化している。これらの開発状況を第7章で述べる。

5.3　2Dチップ搭載2.5Dデバイス

　2.5Dデバイスはワイド IOへの応用に先行して，複数のチップをTSV付きのSiインターポーザ上に近接して搭載し，特性を向上するために考案された。4個の長方形のFPGA（Field Programmable Gate array：プログラム変更可能ゲートアレイ）チップを載せたXilinx社のデバイスが先鞭を切った。製造歩留りのよい小型

5.3　2Dチップ搭載2.5Dデバイス

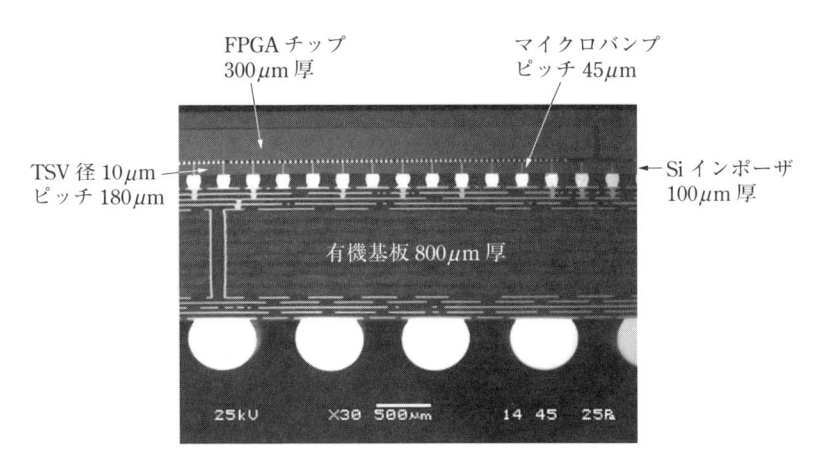

FPGAチップ 300μm厚
マイクロバンプ ピッチ45μm
TSV径10μm ピッチ180μm
Siインポーザ 100μm厚
有機基板800μm厚

28nmプロセスFPGAチップ×4搭載

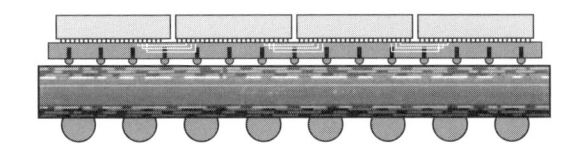

図5-7　2.5D FPGAアレイ構造と断面

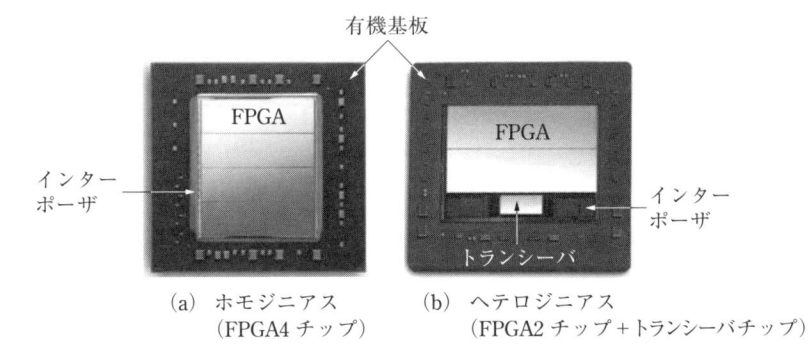

有機基板
インターポーザ
インターポーザ
トランシーバ

(a) ホモジニアス
　　（FPGA4チップ）
(b) ヘテロジニアス
　　（FPGA2チップ＋トランシーバチップ）

図5-8　2.5Dの基板実装

第5章 2.5D TSVチップ積層構造

チップがインターポーザによって近接して配置されるので高速な信号処理が可能になる。

搭載するチップにはTSVは通常必要なく，従来の比較的厚い2次元チップが使える。同種のチップを搭載するものをホモジニアス，異種チップの場合をヘテロジニアスと呼んでいる。図5-7にXilinx（製造はTSMC）のFPGAデバイスの構造と断面を示す。また図5-8(a)にチップ実装の状態を示す。図(b)はFPGAを2チップと無線通信用チップを載せたヘテロジニアスの，パッケージ前の基板への実装状態を示す。インターポーザは同サイズなのでよく見えていない。

インターポーザに異種チップを載せた，ヘテロジニアス2.5Dの製作方法として，図5-9を示す。TSMCではインターポーザ用ビアをビアミドル類似の方法で，途中まで開孔した厚ウエハ上に異種チップをボンディングし，積層後ウエハを裏面から薄化してダイシング，バンピングするプロセスをCoWoS（Chip on Wafer on Substrate）と呼び[5]生産性の向上を強調している。薄いインターポーザウエハの取扱いは難しく，厚いインターポーザを使うのはプロセスとしてはかなり安定すると思われ，またインターポーザを分割して使うより，製造コスト的にも3D積層のC to Wより有利と想像される。

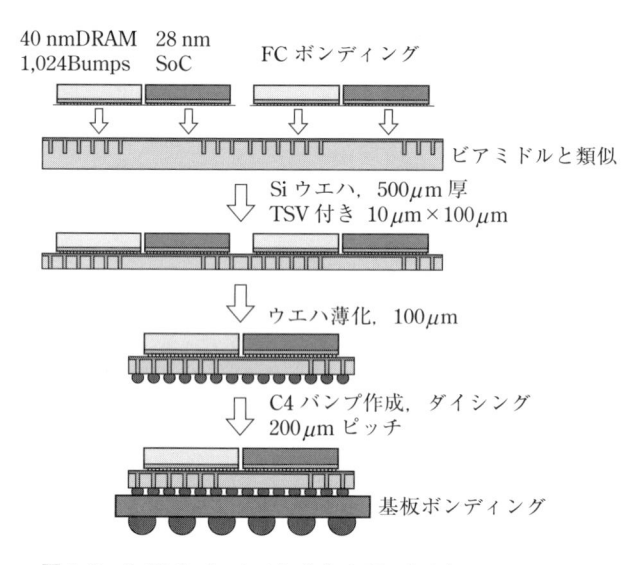

図 5-9　CoWoSプロセスによる2.5Dデバイス

5.4 高バンド幅メモリシステム

　情報化社会の進展に伴ってメモリの重要性は無限に増大していく。メモリは過去20年にわたって，半導体の微細加工のトップを切って進歩し，チップあたりの記憶容量を増大させてきた。そして最近の5年間は動画，グラフィックなどの情報量の増加から容量だけでなく処理速度，すなわちバンド幅の増加も強く要求され始めた。同じ頃TSV技術が開花し，バス幅の増加を目標にワイドIOが注目され，爆発的に普及したスマホに向けての適用が模索されてきたが，さらに大きいバンド幅が必要になり，ワイドIO2が開発中である。しかし高性能パソコンやサーバーでは常にもっと高いバンド幅の要求がある。これに対してさらに広いワイドバスと2.5Dという解決法が考えられる。

　2.5D構造でのインターポーザの使用はデバイスの設計を容易にし，TSVのないことでプロセッサ(SoC)の負担を軽減し，メモリとCPUの設計世代の技術差を吸収できる。バス幅は1,024bとワイドIO2の2倍とし，そして消費電力の増加は多少犠牲にしてもピンあたりの伝送速度を1,000～2,000Mbpsと早くして，バンド幅が100GBpsを超える，メモリのスペックがJEDECで検討されている[6]。

　これがHBM(High Bandwidth Memory：高バンド幅メモリ)で，この規格はまだ充分整理されてはいないが，図5-10に示すような2.5D構造で，バンド幅が128～273GBpsという大きさで2015年頃には実現を目標にしている。DRAMの伝送速度を上げる必要があるので，ロジックチップがメモリの下に追加されているが，メモリチップの設計変更でロジックがないものも可能である。

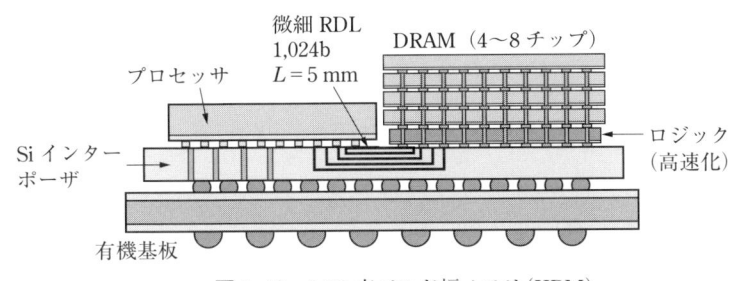

図 5-10　2.5D 高バンド幅メモリ(HBM)

第 5 章　2.5D TSV チップ積層構造

　HBM は TSV 接続で構成しているため，競合する DDR5 より消費電力はかなり少ないがワイド IO2 よりは大きい。メモリスタックは 4 枚か 8 枚を想定し，1 個のチップはアクセスサイズを小さくするため，8 チャンネルに分割されている。またバンド幅 128 GBps を 2.5D 構造で 1,024 b という，超ワイドバスで実現するために，TSV のバンプ数は信号の差動接続とプラス電源などのため 2,500～3,000 本程度になるであろう。

　ワイド IO 系（ワイド IO，ワイド IO2，HBM）の端子配置を比較したものを図 5-11 に示す。HBM はピッチ 55 μm の千鳥タイプで，ワイド IO より端子間の間隔はやや広めになっている。HBM の場合端子数が多いので，ボンディング時の確実性を考慮したものと思われる。バス長を短縮するため TSV 領域は，図 5-10 のように CPU チップとロジックチップのエッジに配置され，表面配線の数層を使うと考えられるが，Hynix が発表した HBM 用チップの場合は，図 5-12 のようにチップの中央部にありパターン設計については試行中と推測される。

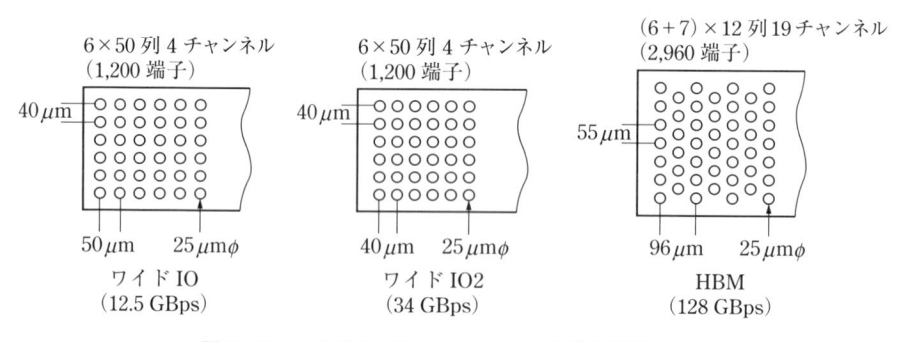

図 5-11　ワイド IO 系システムの TSV 端子配置

　メモリメーカーである Hynix は HBM 用のメモリを試作している。DRAM チップは NCF（非伝導性フィラー）を挟んで，ウエハを積層してからダイシングする。2 Gb メモリチップの表面を図 5-12 に示す。メモリチップの TSV 領域はチップ中央部にあり，パッケージは高さ 490 μm，サイズは 5.48×7.29 mm とかなり小さい。今後メモリシステムの選択は，モバイル機器に対しては消費電力の少ないワイド IO2，さらにバンド幅の大きいハイエンド PC，サーバーに対しては HBM となるであろう。

5.4 高バンド幅メモリシステム

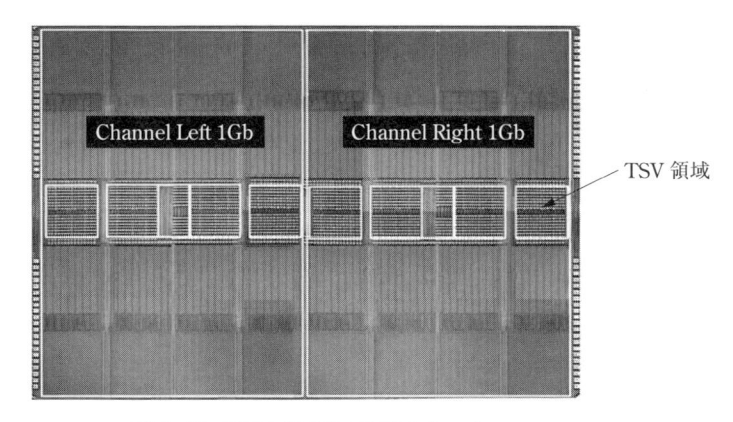

図 5-12 HBM 用 2Gb DRAM チップ

　HBMは2.5Dが標準となっているので，インターポーザは当然Siと考えられるが，有機インターポーザもHBMに焦点をあてて技術開発を行っている。HBMが2.5Dでなく，もし有機サブストレートの2.1Dで可能になるとしたら，コスト的に大きいインパクトがあり，将来性はきわめて大きい。計算上配線のL/Sが2〜5 μmなら2.1Dの有機基板でHBMが収容できる。さらに有機基板の場合はSiインターポーザと同様に表面の2〜3層を分割して使うことで，HBMへの適用もより容易になると考えられるので，有機基板メーカーは鋭意開発中である。これについては7.2節で述べる。

第5章　参考文献

1) J.Roullard（Univ. of Savoie）"Evaluation of 3D Interconnect Routing and Stacking Strategy to Optimize High Speed Signal Transmission for Memory on Logic" ECTC 2012, p.8.
2) M.A.Karim（Sematech）"Power Comparison of 2D,3D and 2.5D Interconnect Solutions and Power Optimization of Interposer Interconnects" ECTC 2013, p.860.
3) 松丸幸平（フジクラ）"貫通電極基板の伝送特性" MES 2005, p.193.

4) P.J.Tzeng (ITRI) "Process Integration of 3D Si Interposer With Double-Sided Active Chip Attachments" ECTC 2013, p.86.
5) L.Lin (TSMC) "Reliability Characterization of Chip-on-Wafer-on-Substrate (CoWoS) 3D IC Integration Technology" ECTC 2013, p.366.
6) JEDEC Server Memory Forum 2012, China.

第6章
TSV-3Dメモリシステムの開発

　ベーシックな3DワイドIOについてはすでに第4章で取り上げ，ASETで開発したインターポーザ付きや大伝送量のHBMの構造も第5章で述べた。そのほかにもいくつかのTSVを応用した，3D構造のメモリシステムが開発され発表されている。いずれもワイドIOや3D構造の問題点を，ある程度回避するように設計されているので本章で取り上げる。

6.1　次世代メモリシステム，ハイブリッドメモリキューブ

　HMC（Hybrid Memory Cube：ハイブリッドメモリキューブ）は次世代メモリシステムの1つというべきもので，従来のDRAMメモリをTSVで積層し，構造や接続法を改良することでさらに大容量，高バンド幅で比較的安価に，使いやすく考案された次世代のメモリである。HMCはワイドバスではなく，2.5D構造で

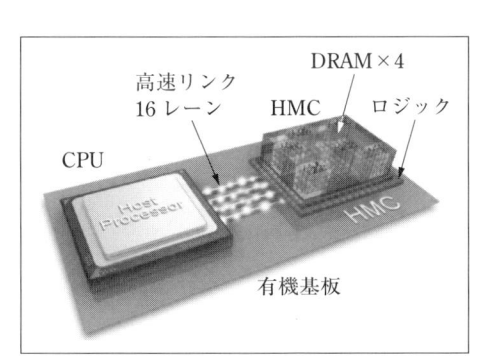

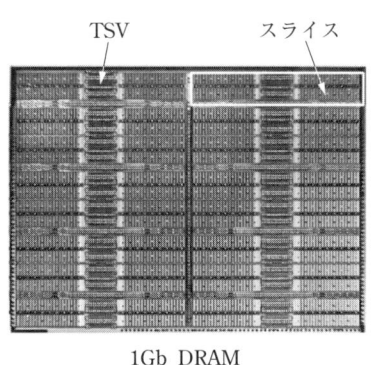

図6-1　HMCの基本接続とメモリチップ[1]

第6章 TSV-3Dメモリシステムの開発

もなくインターポーザも必要ない．HMCの説明用の図面は前述の2.5D-HBMと似ているので，HBMと競合するシステムとして理解されている面もある．

HMCの説明には図6-1がよく使われる[1]．その本質はメモリキューブ（TSV-DRAMメモリのスタック）であり，CPUは一般的なチップが使え，CPUとの距離は自由に変えられるが，標準で8inch（20cm）という長さでもよい．そのため，従来の基板上に実装されたシステムと同じイメージである（ただし開発初期の説明ではバンプの付いた基板上に2.5D的に搭載されたものもあった）．HMCはIBMとマイクロンが開発してコンソシアムを作り，ほかの多くのメモリ，SoC，FPGAなどのメーカーが参加しているので，今後の発展が確実視されている．

図6-1にはチップの表面も示したがその特長として，1チップ中に独立した16メモリエリア（スライスと呼ぶ）があり，それぞれ独立したDRAMメモリとして動作する．チップスタック（チップ4枚）で計64個のスライスが存在し，相互に

図6-2 Farメモリの接続例と実装状況[2]

TSVで接続されていて，TSV数は1チップ中に1,120個がある。チップスタックの下にはロジックチップが存在し，これが信号伝送をピン当たり28Gbpsに高速化する。

CPUとの接続は標準的には16組（レーンと呼ぶ）の配線で接続する。高速信号のため回路の両端はインピーダンス整合する。送信，受信がそれぞれ16レーンで，これらは差動信号なので物理的には64本のピン接続になる。レーン数は少ないがピン当り28Gbpsの超高速信号のため，バンド幅は128GBpsと高速になる。ロジックチップはいくつかの機能を持ち，必要なときは空きメモリを探して接続し，また故障したメモリセルを除外するメモリリペア機能も持つ。

またHMCはフレキシブルな使い方が可能で，図6-1の場合はHMCとCPUが1:1で接続されていてこれをNearメモリと呼んでいるが，HMC自身がほかのHMCを制御することも可能で，これをFarメモリと呼んでいる。図6-2にこの状態とAlteraの試作として1個のHMCに対して4個のSoC（FPGA）を基板上に配置したデモ基板の状態を示す[2]。これらの使用法はメモリを効率良く使うので，CPUを含むシステムの消費電力は大きく節減できる。電力はDDR3に比べて84%，DDR4に比べて72%減少する。またシステム全体の基板占有面積も減少し，DDR4使用のシステムに比べて10%程度に削減される。

6.2 両面3D-FCメモリシステム

メモリ開発で歴史の長いRambusでは，インターポーザは使わず有機基板の両面を利用した，図6-3に示す256GBpsの超高バンド幅の3Dメモリシステム構造を発表した[3]。パッケージ実装で活動しているITRIとの共同開発と思われるが，次世代の高性能メモリシステムというべきであろう。インターポーザは使わず，メモリとコントロールチップ間を，第4章で述べたF to F接続にすることでTSVの本数を減らし，5-2-5構造の有機基板の上側にロジックコントロール（プロセッサ），基板の下側にメモリコントロールチップをフリップチップボンディングした。

パッケージの外観も図6-3に示すが，パッケージサイズは35×35mm，BGAバンプはピッチ1mmで718個，内部のC4バンプは8,800個と多数である。信号

第6章　TSV-3Dメモリシステムの開発

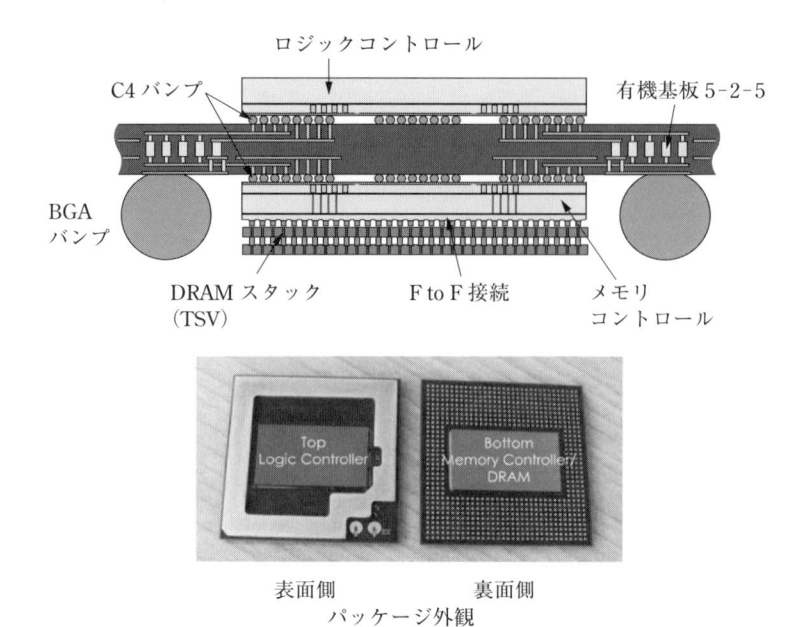

図6-3　両面FC形超高バンド幅メモリシステム[3]

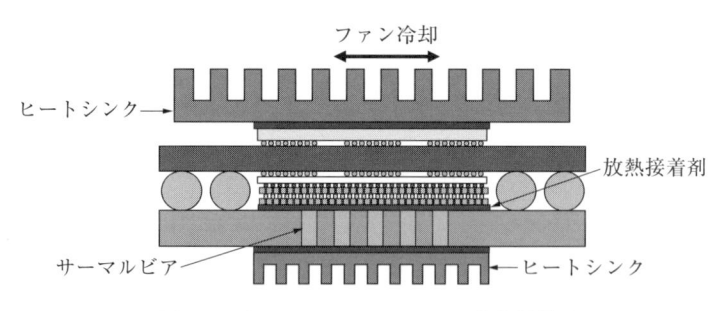

図6-4　高BWメモリデバイスの熱放散構造

　伝送の電力はワイドバスのために小さいが，プロセッサが高速のため，大きな電力を消費するので熱放散構造が重要になる．熱放散構造を図6-4に示すがパッケージ両面に熱伝導性接着剤でヒートシンクを付け，PCBの内部に放熱用のビアを設けさらにデバイスをファンで冷却する．

74

6.3 ローコストポリSi基板デバイス

　TSV付きの3D, 2.5D構造の開発は活発であるが, 現状ではどうしてもコストが上昇してしまうことが問題である。GITではポリSi (多結晶Si)をインターポーザに使ってコスト問題を解決する試みを行っている[4]。図6-5にその構造を示すが, メモリ4枚スタックとロジックチップで構成されたメモリシステムである。2007年頃にNECエレクトロニクスが発表したものと基本的にはよく似ている。

　異なるのは基板の材料で, ポリSiを使っている。ポリSiの抵抗率は0.5 Ωcmで熱膨張係数が単結晶と同じため, デバイスの熱変形に起因する信頼性劣化は改善される。またポリSiはSi材料の熔解, 凝固で作られるので, 単結晶生成は必要なく700×700 mmという大型の角型基板が可能であり研磨工程も不要で, 製造コストは単結晶の1/10に低下することが可能である。

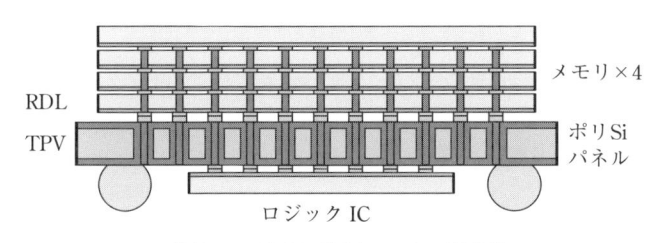

図6-5 ポリSi基板デバイス構造[4]

　ビア作成は短波長UVレーザーで200 μm厚のSiに95 μm径のビアを開孔し, これにポリマー(日本ゼオンのシクロオレフィン)を両面からの真空吸引を使って充填する。次に充填されたポリマーに50～60 μm径のビアを再びレーザーで開孔する。Cuめっきでビアを充填し, これをTPV (Through Polymer Via)と呼んでいる。ポリマー絶縁層(ライナー)は15～20 μmの厚さとなる。この厚い絶縁層のためビア容量は小さくなり, 高周波特性は向上する。ライナーを厚くするためにビア径を小さくするのが重要であり, 実験では35 μmまでの小径ビアが得られている。

　TPVのピッチは120 μm程度まで狭くすることが可能である。TPVは酸化膜を使うSiインターポーザに比べてビア容量は1桁低下することが可能になる。TPV

とそれに接続するCPW（Coplaner Waveguide：コプレナー線路）配線による挿入損失を図6-6に示す。CPWの長さは1mmで，たとえばTPV6本とCPW7mmをつないだ場合は，3.5GHzで挿入損失－0.5dBが得られている。CPWは配線幅が160μm幅で信号線とグランド間は36.5μmである。このTPV構造でプロセッサにはTSVを作らずに3D構造でロジック-メモリ間を高いバンド幅での信号伝送が可能になる。

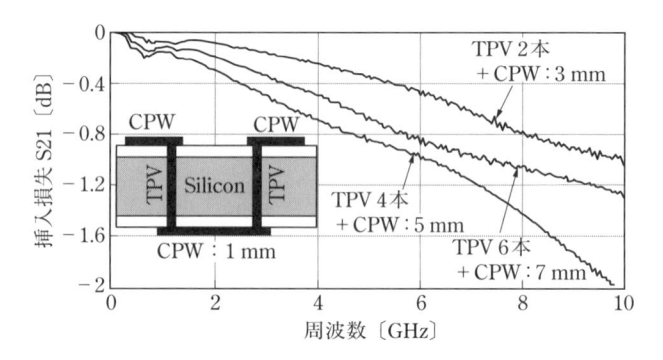

図6-6 ポリマービア＋CPWの挿入損失

6.4 2.5D-3D両面インターポーザ

ITRI（台湾）では図6-7（a）に示すように有機基板に穴をあけ，Siインターポーザの両面に非薄化で非TSVのチップを載せた，ユニークな両面インターポーザ構造を発表している[5]。断面画像を図（b）に示すが，2.5D構造として製作を容易にしながらチップ間の接続距離を3Dに近いくらいに短縮できる特長がある（この構造に命名するならば，2.5Dからやや3Dに寄っているので，2.6Dとでもいえるかも知れない）。搭載するチップは2Dチップをそのまま使うので，チップへのTSV製作や薄化が必要なくコスト低減が可能と思われる。

インターポーザの大きさは18×18mm，厚さは100μm，TSVの直径は10μmで300mmウエハから製作する。表面配線のみのインターポーザの構造はすでに第4章で説明したが，ここでは両面にチップをボンディングするので表面側に3層，裏面側に2層のRDL配線層が必要であり，第5章で述べたCuのダマシンプ

6.4 2.5D-3D両面インターポーザ

ロセスを用いている。

インターポーザへのTSV製作プロセスとしては，絶縁層はPECVD（Plasma Enhanced CVD：プラズマCVD），ビア開孔はDRIE，ビアのライナーはSACVD（Semi-Atmosphere CVD），バリヤ層とシード層はPVDで作成，Cuめっきでビア充填後CMPをかけ，表面配線，裏面配線，UBMを作成する。インターポーザの製作データはあまり多くないが，この試作での各プロセスのデータは重要と思われるので表6-1に示す。RDLを含むインターポーザの断面を図6-8(a)に，パッケージ外観を図6-8(b)に示す。

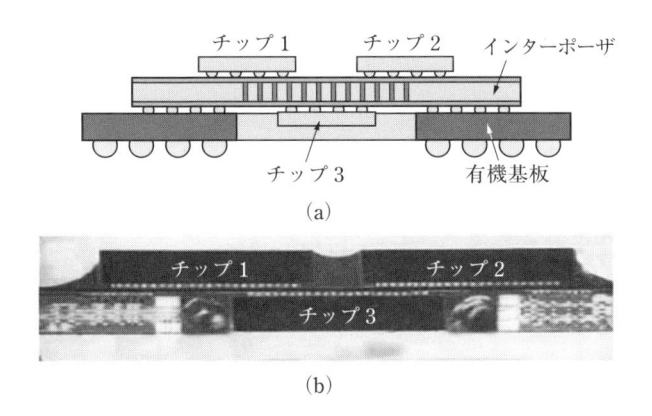

図6-7 両面Siインターポーザ3D構造[5]

表6-1 両面インターポーザ製作データ

TSV	直径10μm，長さ105μm
	ライナー0.5μm，Taバリヤ0.08μm
表面RDL	Cuダマシン，線幅3μm，線厚2μm
	Taバリヤ0.05μm
表面UBM	直径75μm，Cu5μm，NiPdAu2μm
Siキャリア貼付け	接着剤厚25μm
裏面薄化，頭出し	ドライエッチング
裏面絶縁	PECVD-SiO$_2$，＜200℃，厚1μm
裏面RDL	線幅5μm，メタル厚2μm，Ta 5μm
裏面UBM	Cu厚5μm，NiPdAu 2μm

第6章　TSV-3Dメモリシステムの開発

(a) インターポーザ断面　　　(b) パッケージ外観

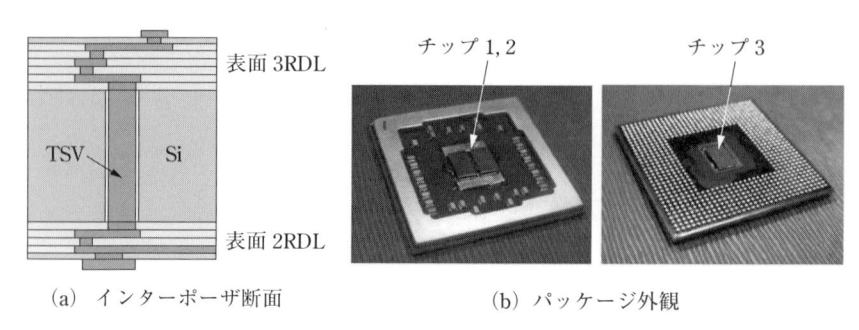

図6-8　多層インターポーザ断面とパッケージ

　組立ての順序は裏面側チップを先に付け，基板に接着後表面チップを付ける。各チップのボンディング後アンダーフィルで固定する。インターポーザは$100\,\mu m$と薄いので，ボンディング時のワーページには注意する必要がある。パッケージを見るとチップは裸で露出し，基板はバンプ数を吸収するため6cm角の大型になっている。

第6章　参考文献

1) J.Pawlowski（Micron）"Hybrid Memory Cube（HMC）" Hotchips 23, 2011.
2) ハイブリッド・メモリ・キューブ,日本アルテラニュースルーム，2013.
3) D.Secker（Rambus）"Co-Design and Optimization of a 256-GB/s 3D IC Package with a Controller and Stacked DRAM" ECTC 2012, p.857.
4) V.Sundaram（GIT），Y.Suzuki（Zeon）"Low-Cost and Low-loss 3D Silicon Interposer for High Bandwidth Logic-to-Memory Interconnections without TSV in the Logic IC" ECTC 2012, p.292.
5) P.J.Tzeng（ITRI）"Process Integration of 3D Si Interposer with Double-Sided Active Chip Attachments" ECTC 2013, p.86.

第7章
新インターポーザと2.1Dデバイス

　半導体の実装法として3D，2.5Dが定着してきたが，2013年頃から2.1Dが議論され始めた。2.1Dという表現は物理的には意味を持たないが，従来の2D実装の概念より一段と微細な配線による接合を意味することから，2Dの進歩形として使用されるようになった。2.1Dは第5, 6章で述べてきたインターポーザ技術と関連するので，本章ではSiインターポーザ以外の新材料による，新しいインターポーザ技術と2.1D実装への展開について説明する。

7.1　有機インターポーザの必要性

　エポキシ樹脂などとCu配線から形成される有機基板は，半導体チップの搭載用として極めて重要な役割を果たしていて，長い技術開発を経てその性能もほぼ完成の域に達している。物理的および電気的特性の要求は熱膨張係数，熱伝導率，誘電正接，ガラス転移点，配線密度，誘電率，誘電正接，伝送損失，表面粗度など多岐にわたる。現状ではワイヤボンドチップおよびフリップチップの搭載にはほぼ充分な特性を持っているが，3D時代を迎えて配線幅，配線ピッチ，熱膨張係数，伝送損失などへのさらなる特性向上の要求があり，そのための技術開発が盛んである。

　3DワイドIOでは基板のTSVバンプ配置について，4.3節図4-4のフロアプランが要求されたが，この40～50 μmのバンプピッチは有機基板で実現可能な設計基準であった。しかし前述のように3DワイドIOの実現が遅れ，2.5D化の可能性が高まると多端子の表面配線が必要になり，有機基板の微細配線性能が脚光をあびることになった。

第7章　新インターポーザと2.1Dデバイス

　今後の発展を期待される2.5DワイドIOとワイドIO2では，5.1節図5-2に示すように，チップの幅に相当する長さに約1,000本の配線を配置せねばならならず，計算上約3〜5μm程度のL/S（線幅/間隔）が必要になる。このL/Sは有機基板では困難とされ，SiインターポーザでないとこのSi要求を達成できないとされていた。5.4節のHBM構造になるとさらに本数は増え，要求されるL/Sは小さくなり，おそらく2μmレベルのL/Sが必要になろう。

　Siインターポーザは単結晶Siを使うので，そのコストは2.5Dデバイスの発展に大きく影響する。低損失対応のSiインターポーザでは，あまりICに使われない高抵抗率のSiが必要になり，さらにコストが上がるかも知れない。もし有機材料でSiと同程度の微細配線が実現すれば，有機インターポーザが可能になるが，この段階では有機インターポーザが微細配線を提供し，その下にさらに従来からの有機基板が存在するという二重の構成になる。

　もし有機インターポーザの微細化技術が基板自体に適用できれば，インターポーザ自体が基板（サブストレート）になり，図7-1のようにまさにコスト的に従来の2Dデバイスに対抗できる，高性能の「2.1D」デバイスが完成することになり，期待は極めて大きい。

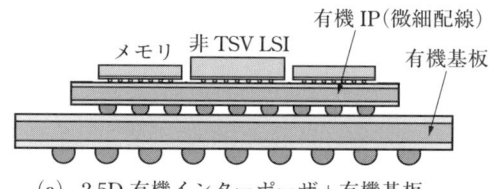

(a)　2.5D 有機インターポーザ＋有機基板

(b)　2.1D 有機基板のみ

図7-1　2.5D-2.1D 有機インターポーザ

　最も大きい技術開発テーマは配線の微細化であろう。従来10μm程度が限界だった有機基板のL/Sを5〜3μm程度に微細化する必要がある。HBM用の微細なバンプ配置は20〜30μm径のパッドで受けるが，配線はチップの幅以内に収

80

7.1 有機インターポーザの必要性

(a) 第1層パッド（32μm）

(b) 第2層電源グランド（20μm），信号（6μm）

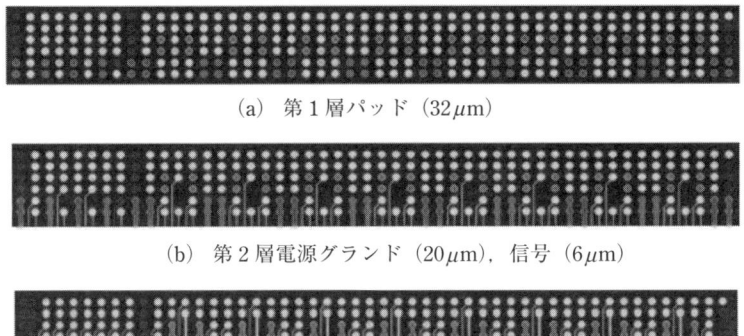

(c) 第3層信号（6μm）

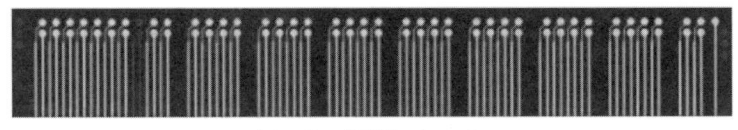

(d) 第4層信号（6μm）

図7-2　2.5Dワイド IO 用有機基板の配線層[1]

容するため，複数層に分配して使われると思われる。複数層にすることで，微細化要求はやや緩められる。ワイドIO用の配線パターンの試作の一例（京セラ）を図7-2に示す[1]。

第1層はバンプを受けるパッド（径32μm），第2層は電源，グランド線の20μm幅と信号線の6μm幅，第3,4層も6μm幅の信号線で特性インピーダンスが整合されている。現在2.1Dデバイスはまだ発表されてはいないが，2.1Dデバイス対応の基板は主として日本の基板メーカーを中心に開発が進められている。基本的なアイデアとしては，基板中心の厚いコア部に従来から使われているガラスクロスやフィラーなどの低CTE（熱膨張係数）の材料を使って，基板全体のCTEを低減する。

表面層にはCTEは大きいが微細配線の可能な，Cuとの接着性の強いポリマーを採用し，CMP（化学機械的研磨）などを導入して，平坦性を向上して伝送特性も向上させるなどの改良を行っている。すでにいくつかの論文が発表されていて，2015年には実現すると期待されているのでその一部を以下に紹介する。

7.2 有機インターポーザの開発

京セラSLCではAPXの名称で2.5D対応の有機インターポーザを開発している[1]。図7-3にAPX基板の断面構造を示す。5-2-5層構造で厚さ571μm，コア部はガラスクロスとフィラーを入れて，X-Y方向のCTEを4ppm，表面層はエポキシで厚さ8μm，CTEが28ppmで基板全体のCTEが10ppmとなっている。ランド径は32μm，L/Sは6μmになっている。APX基板は5.4節で述べたバス幅1,020bのHBMにも対応している。この場合はバス本数が多いので，表面側の第2層と第4層を信号線として使う。同社は2015年にはL/S = 4μm，CTE = 3ppmを計画している。図7-3にL/S = 6μmの配線と断面も示す。

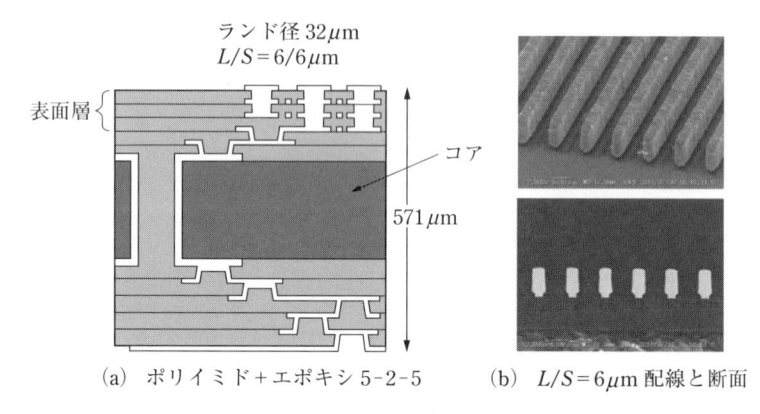

(a) ポリイミド+エポキシ 5-2-5　　(b) L/S = 6μm 配線と断面

図7-3　APX基板の断面構造と微細配線[1]

新光電気ではインターポーザと有機基板を融合させた，2.1D対応のi-THOPと呼ぶ，有機マルチチップパッケージを開発している。断面を図7-4に示す[2]。サイズが40×40mmで基板の厚さは1mm，コア部が800μmで層構造は図のように4 + 2/2/3と呼ばれる構造で，表面微細配線を目的に上下が非対称になっている。コア両面に2層ずつの配線をセミアデティブプロセスで作り，表面側はCMPで平滑にしてから4層のパッドおよび配線を作る。10分のCMPで表面粗度(Ra)は20nm程度となる。ビア上のディッシング（皿状凹み）は2μm以下である。

配線のデザインはワイドIO2に対応するものは，最上層はパッド用の径25μmで

7.2 有機インターポーザの開発

ピッチが40×40μm，第2層はL/Sが2μm/2μmとグローバルラインが5μm/5μm，第3層は電源，グランドの25μmを含んでいる。またHBM対応のデザインも最上層が25μmのパッドで55×55μm（45度千鳥形），第2～4層は信号，グランドを含んで2μm/2μmのL/Sとなっている。これらの特性は2.1D構造に適用可能であり，2.1DのHBMの可能性が見えてきたので，その実用化に期待したい[3]。

この基板の非対称構造によるワーページは，材料の選択によってほとんど問題がない。表面層部分のCTEは54ppmであるが，基板全体のCTEは10ppm前後と考えられる。図7-5に2μm配線の断面，Cuパッド断面と配線パターンの例を示す。

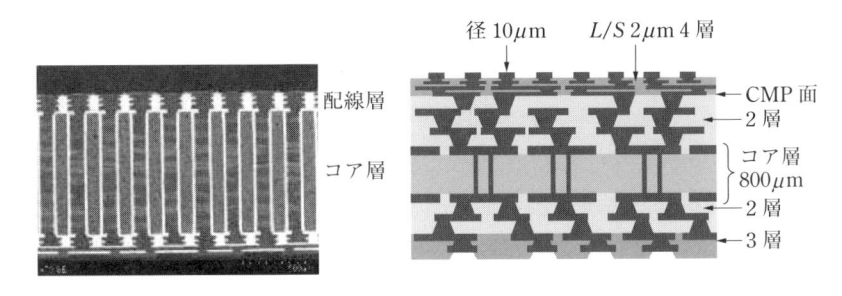

図7-4　有機マルチチップパッケージの断面[2]

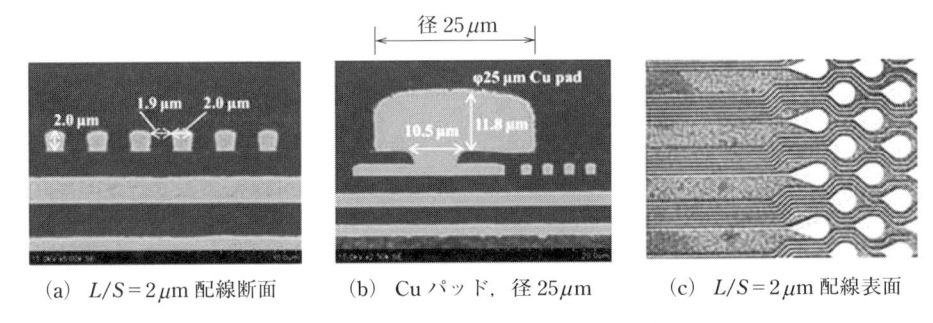

(a) L/S＝2μm配線断面　　(b) Cuパッド，径25μm　　(c) L/S＝2μm配線表面

図7-5　有機パッケージの表面微細配線

日立化成は多種類の半導体用基板を持っているが，微細配線対応はSAPPおよびAir Foilである。SAPPは図7-6のようにコア材の外側にプリプレグ（接着性フィルム）を付けて，セミアデティブによる微細配線を作っている[4]。プライマの表面粗さは0.15～0.25μmと小さいが，特殊な表面構造で高いピール強度（0.7～

0.9kN/m) を保っている。微細配線のL/Sは図7-7に示すように6μm/6μmが可能である。またAir Foilと呼ばれるフィルムはプライマに有機フィルムを貼ったもので，プライマと組み合わせて，デスミア処理で表面粗さが0.05～0.15μmと微細になるが，Cuとの接着性が強く，5μm/5μmの配線が可能になる。またAir Foilはレーザーの加工性にも優れている。

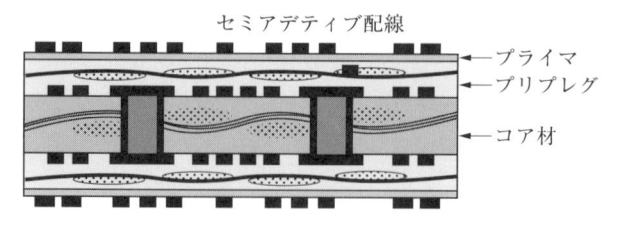

図7-6 微細配線用基板断面[4]

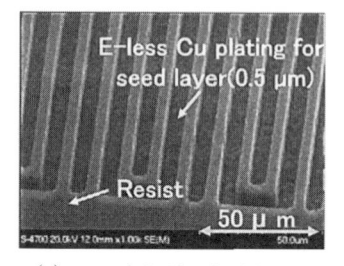

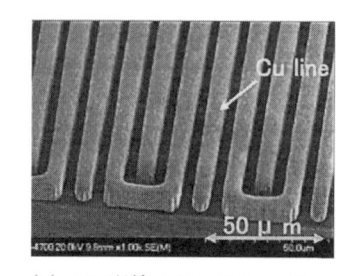

図7-7 SAPPの表面配線

7.3 ガラスインターポーザの登場

　Siインターポーザ，有機インターポーザに続いて2.5Dデバイスのインターポーザとして注目をされているのが，ガラスインターポーザである。ガラスは従来ビアあけや微細加工が難しいとされてきたが，モバイル機器のディスプレーなどの要求から，平滑な極薄ガラスの製造や加工などの技術開発が進みつつあり，2011年頃から急激に可能性が高まった。ガラスインターポーザのビアはTGV(Through Glass Via：ガラス貫通ビア)と呼ばれる。

7.3 ガラスインターポーザの登場

　Si，有機，ガラスの各インターポーザの特長は，Siが半導体技術の適用による優れた微細配線能力，チップとの熱特性などのマッチング，有機が低コスト，良好な高周波特性である。ガラスは熱伝導度が悪いがSi並みの熱膨張係数と，高い絶縁性による良好な高周波特性，有機以上の微細配線能力，そしてパネル形状などの利用による低コストが最大の特徴であろう。

　有機，ガラスともに微細配線の形成技術と，ビアへの導体充填技術が進歩していて，ワイドIOさらには多機能デバイスへの適用が視野に入ってきた。材料コストは，ガラスが大面積パネルの使用などで有機より有利といわれているが，ビア加工コストなどについては標準的なプロセスが確定せず，今後の技術開発によって決まると思われる。

　ガラスへのビア開孔，導体充填については現時点ではガラスメーカーが主導し，実装技術の研究機関や半導体メーカーが，ビア付き基板を使ってインターポーザを開発している例が多い。日本のガラスメーカーや関連材料メーカーが，欧米の研究機関と協力して開発が進んでいる例も多い。ガラスの応用はインターポーザだけではなく，ガラスを基板として有機基板を省略した2.1D構造の薄型パッケージとしても開発が進んでいるのでこの状況を7.7節で述べる。

　ガラスには多くの種類があるが，インターポーザには硼硅酸ガラス(borosilicate

表7-1　インターポーザ：ガラスとSiの比較[5]

	Siインターポーザ		ガラスインターポーザ	
厚さ〔μm〕	200〜700	○	100〜700	□
高周波減衰〔GHz〕	〜2	△	〜10	○
絶縁性〔Ωcm〕	25〜5k	□	〜10^{15}	○
ビアピッチ〔μm〕	10〜500	○	50〜500	□
内蔵部品	R, L, C, Tr, IC	○	R, L, C	□
ウエハサイズ〔in〕	6, 8, 12	○	6, 8, 12, panel	○
ビア充填材	Cu, W, Au, Poly Si	○	Cu, W, Au	□
ビア作成コスト	RIE	△	レーザーなど	□
配線コスト	安価，製法多い	○	製法限定	□
熱伝導率〔W/m・K〕	〜160	□	1	△
熱膨張係数〔ppm〕	3	○	3〜100	○

〔凡例〕　○良好，□要検討，△問題あり

glass：開発したCorningの名称からパイレックスガラスと呼ばれることもある）のうち，アルカリフリーガラスと呼ばれるタイプが主流である．表7-1にSiとガラスのインターポーザ用材料としての比較を示す[5]．ガラスに関しては要検討項目が多く今後の開発に期待するが，最も重要なものはSiの場合と同じくビアの作成コストであると思われる．

(a) 薄ガラスの製作

Siのインターポーザ材料としての問題点は高価な単結晶ウエハの製作と，それを研削などで薄形化する工程に時間と費用がかかることである．この点でガラスは近年インターポーザとして適当な厚さ100μm前後の，平滑な表面を持つ薄ガラスが製作可能になり，これをロール状に巻いて製造装置間の移動，加工が可能になった．この状態はロールツーロールと呼ばれる．

図7-8に代表的なCorningと旭硝子（以降AGCとする）の薄ガラス製造方法を示す．Corningの方法はフロートプロセスと呼ばれ，狭いスリットから熔融ガラスを引き出す．AGCの方法は熔解金属によるフロートプロセスの後アニールを行う．

このほかにも日本電気硝子は樹脂と貼り合せた薄型ガラスを開発し，日本板硝子，Schottなども薄型ガラスを発表している．ともにディスプレー用として開発しているが，薄型化して100μm前後のインターポーザ向けに適用できる．これらの薄ガラスは厚いガラスを研削して，薄型化したものに比べて結晶が緻密にな

(a) Corning
(100μm厚，フュージョンプロセス)

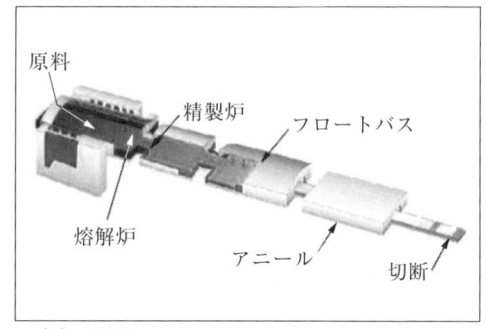

(b) AGC
(100μm厚極薄ガラス，フロートプロセス)

図7-8 薄ガラスの製作

り，強度も向上していて，ロール巻き取りが可能である．薄型ガラスの取扱いは厚いサポートガラスに貼り付けて使うことが多い．また極めて薄いガラスはある条件下で接着剤なしでサポートに密着することも報告されている．

(b) ガラスの高周波特性

ガラスインターポーザの特長である高周波特性については，いくつかの測定が行われている．一例として図7-9にGIT（ジョージア工科大学）によるガラスとSi上の伝送線路の挿入損失（s21）の比較を示す[6]．インターポーザ上のビア2本をコプレナー線路で接続して測定した．挿入損失はビアとグランド間のキャパシタンスによる信号の減衰を測定するので，ほとんど完全な絶縁体であるガラスの容量は，半導体のSiに比べて小さく信号減衰が極めて小さい．

図中Siポリマーの表示はSiインターポーザの絶縁層（ライナー）に厚いシクロオレフィンを使って，ビア容量を減らしたビア構造の場合で，かなりよい特性を示している．また図中の200 μm厚のSiの抵抗率は，一般のICチップと同程度の抵抗率（0.5～5 Ωcm）のSiを使っているため，ビア容量の増大から損失が大きくなっている．高抵抗率のSiを使うとキャパシタンスが減少し，よい特性を示すデータも発表されているが，高抵抗率のSiは需要が少ないため価格が高くなってしまうともいわれていてあまり検討されていない．

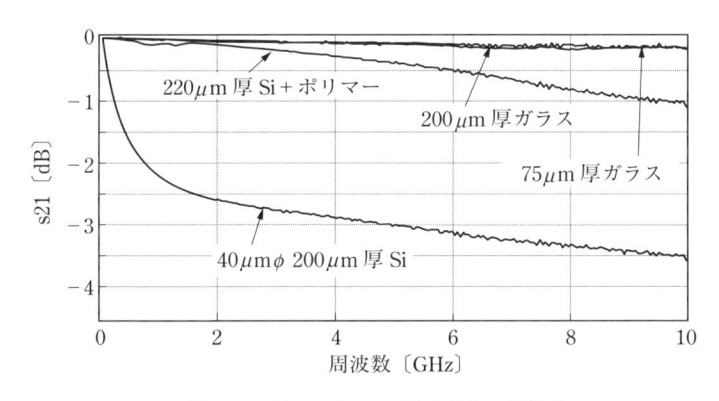

図7-9 ガラスとSiの挿入損失の比較[6]

（c） 低い熱伝導度

　ガラスとSiの物理特性を比較すると，ガラスで目立つのは低い熱伝導率であり，これがガラスの問題点という指摘もある。ガラスインターポーザの熱伝導に関してITRIでは図7-10のような実験を行った[7]。ガラスとSiで同サイズの配線付きのインターポーザを作り，Cuのダミーチップをインターポーザの下にいくつか配置し，ダミーチップに接触させたヒーターで下から加熱した。図7-10ではチップは両方とも黒く見え（実際は色温度で測定）高温になっている。

　ガラスインターポーザは白く見えて，温度は上がらず，Siインターポーザは黒く見えて，全体にチップに近い高温になっている。しかし，チップの温度は両方ともあまり変わらない。チップの周囲のインターポーザの温度はガラスの方が低い。これからいえることはガラスではインターポーザの厚さ方向の熱伝導は悪くて基板などには発熱を逃がしにくいが，ガラスが薄いことでこの影響は比較的小さく，一方，横方向の熱伝導も悪いので隣接するチップや回路には，発熱しているチップの熱が影響しないという利点もあることを示している。

（a） ガラスインターポーザ　　　（b） Siインターポーザ

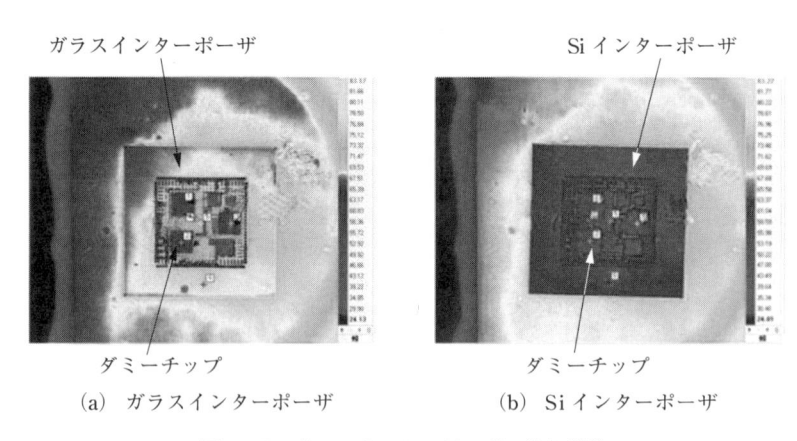

図7-10　ガラスインターポーザの熱伝導[7]

（d） ガラス2.5D構造のワーページ

　ガラスインターポーザとSiチップの熱膨張係数（CTE）が同じ場合は，ワーページ（反り）はほとんどないと想像されるが，2.5D構造の場合は簡単ではない。最下部にはCTEの大きい有機基板があり，またチップ間にはインターポーザと同程度

7.4 ガラスインターポーザのビア開孔

の厚さのポリマーのアンダーフィル(UF)がある。2.5Dの実用製品であるFPGAアレイは4個のチップを並べ、熱的にはかなり複雑な状態になっているのでCorningではこの構造を分析した[16]。

図7-11(a)に示すように基板のCTEは16ppm、UFの厚さは100μm、CTEは40ppmでガラスインターポーザは厚さ100μmである。CTEは3.17ppmと8.35ppmの2種類を使用し、150℃でストレスフリーとし室温まで下げた場合のワーページを測定した。結果は図7-11(b)のようにSiインターポーザのワーページが最大で、8.35ppmのガラスの場合が最小になった。このような複合構造ではインターポーザのCTEがSiと基板の中間的な場合に、複雑な構造内のストレスをある程度吸収するものと考えられる。

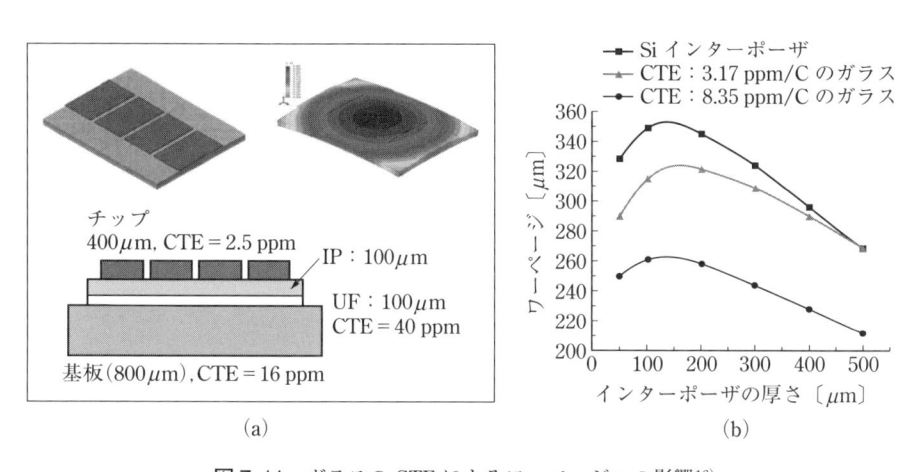

図7-11 ガラスのCTEによるワーページへの影響[16]

7.4 ガラスインターポーザのビア開孔

ガラスは従来の半導体分野ではあまり使用していなかった材料なので、その微細加工技術は初期段階にあるともいえる。ガラスインターポーザへのビア(TGV)の開孔については、数年前から各種の試みが行われ、MEMSや光デバイスへの応用では製品化も行われている。

これらはリード引出しなどの目的で比較的太いビアでよく、超音波穿孔や研磨

第7章 新インターポーザと2.1Dデバイス

粉ブラストも実用化されてきたが,細いTGVには適用が難しいとされている。また2002年にはSiのTSVと同じように,SF_6プラズマとNiマスクを使ったDRIE(反応性イオンエッチング)が試みられ,細いビアも製作可能となったが,開孔に極めて時間がかかることがわかり,現在可能性のあるのは化学エッチング,レーザー,放電加工である。以下に各プロセスについて調べてみよう。

(a) 感光性ガラスの化学エッチング

化学エッチングによるビア開孔については,ガラスメーカーが多く実験している。化学エッチングは感光性ガラスを使うが,HOYAの報告[8]によれば感光性ガラスは,感光性金属(Au, Agなど)と増感剤(CeO_2)を含んだガラスである。感光性ガラスはHOYAではPEG3,CorningではFotoform,SchottではPSGCなどと呼ばれる。フォトマスクを使った紫外線露光によって金属原子が遊離し,次に450～600℃で加熱すると結晶部が析出し,この部分はHFに熔解するので開孔できる。

さらに再度熱処理すると特性の優れた結晶化ガラス(HOYAではガラスセラミックス-PEG3Cと呼んでいる。)になる。図7-12(a),(b)はHOYAによる結晶化ガラスの貫通孔断面とビア表面の状態で,直径が9μm,アスペクト比は40である。図(c)はガラスの両面からエッチングした長さ450μm,直径34μmのビア断面である。ビアにはCuを充填しさらに表面にめっき層を付けている。

図7-13に化学エッチングでTGVを製作し,さらに配線を作成してガラスインターポーザとなる工程を示す。ビアの充填については7.5節で後述するが,配線

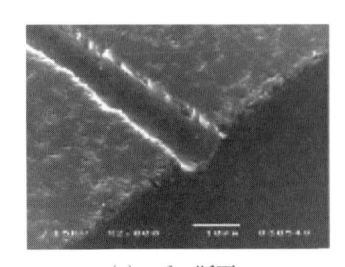

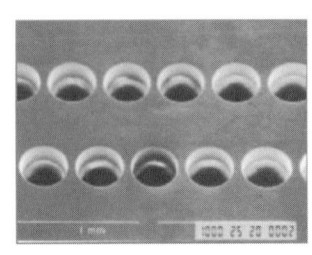

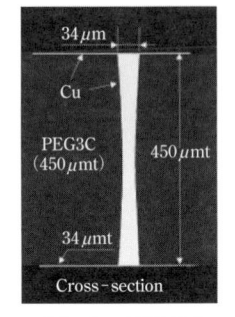

(a) ビア断面   (b) ビア開孔表面   (c) Cu充填ビア

図7-12 化学エッチングによるTGV

7.4 ガラスインターポーザのビア開孔

はガラス上に接着層となるCrをスパッタリングし，その上にCuシードをスパッタリングして，配線パターンをフォトエッチングで作製してから配線のCuめっきをして完成する。HOYAではこれをGCB（Glass Circuit Board）と呼んでいる。米国の3D GlassでもAPEX Processと呼ぶ類似の技術を発表している。

同様に感光性ガラスを使ってITRI（台湾）で開発したのは，レーザーアシストによるPCE（Photo Chemical Etching）と呼ぶ技術で，ガラスに薄くポリマーをコートし，355nmのレーザーで非マスクの紫外線露光を行う。レーザーの強度は後述する直接開孔の10％程度でよく，露光部のエッチング選択比が40と大きいため，ビア内壁が平滑でよい結果を得ている[20]。感光性ガラスはややコストが高いといわれているが，化学エッチングは半導体プロセスとの親和性がよく，またレーザーのようなビア内壁のクラックなどがなく，きれいなビアが得られるので，ガラスメーカーでは採用例が多く今後も開発が続くと思われる。

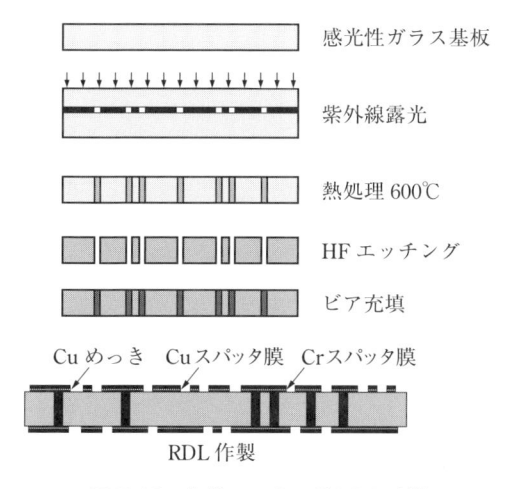

図7-13　化学エッチングTGV工程

(b)　レーザーによるビア開孔

レーザーを使ったビアの開孔はガラスの性質とレーザーシステムの性能に大きく依存する。レーザー開孔はエキシマレーザーまたはCO_2レーザーを使用しガラスを分解，蒸発または熔解飛散させるもので，高速で微細加工が可能でありガラス加工に対しても2000年頃から試みられてきた。

レーザー加工の場合，ガラスが不透明だとエネルギーはガラス表面で発生する。透明の場合はレーザーの焦点をガラスの表面または底部に合わせる。レーザーはガラスを発熱させ熔解し蒸発させるので，焦点を移動させるとビアが開けられる。ある条件下ではガラスは熔解せずに直接分解，飛散する（アブレーションと呼ぶ）。この条件はレーザーの波長，エネルギー，レーザのパルス長，ガラスの材質によって変わる。またビアの形状はレーザーの焦点やプロセスによって変わる。

レーザーは単独のパルスとして使用されるが，ある条件下ではマスクを通してパターンをパルス的に照射する。レーザー加工の問題は高いエネルギー密度のためにビア内壁や加工表面が必ずしも平滑にならず，ビア表面にデブリ（崩れ，破片）やビア壁面にマイクロクラックが発生することや，ビア径が$40\,\mu m$程度より細くできない点がネックとなっていたが，これらを解決するためにいくつかの実験が行われた。

(c) エキシマレーザーによる開孔

エキシマレーザーによるビア開孔の概念図を図7-14に示す。レーザー発生装置からミラー，マスク，レンズを通過してステージ上で基板に照射する。レーザー開孔ビアの断面を図7-15に示す。図(a)はAGC[9]による代表的なビア形状で，波長193 nm，20～30 nsの短パルスArFエキシマレーザーで開孔した。厚さ$180\,\mu m$でビア断面は表面が径$50\,\mu m$，裏面が径$20\,\mu m$とかなり大きい傾きになっている。

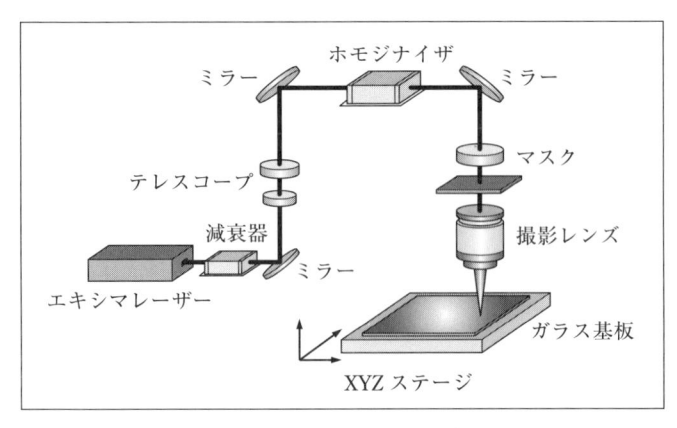

図7-14　エキシマレーザー加工

7.4 ガラスインターポーザのビア開孔

200℃の高温で加工するとよい結果が得られた。

この円錐状のビア形状は，バンプの作製などでは必ずしも理想的とはいえない。図(b)はIZMによるもので[10]厚さ370μmの厚ガラスに対するビアであり，ビア内壁にマイクロクラックも見られる。

IZMではフェムト秒レーザーと比較実験を行った。フェムト秒レーザーはガラスから低温状態で，熔解状態を経ずに直接昇華するのでよい形状結果を得られたと報告しているが，加工時間がエキシマレーザーの数十倍必要になり実用的ではない。図7-15(c)，(d)はレーザー機器メーカーのCoherentの実験結果[11]で，193nmのエキシマレーザーで700パルスの照射で100μm厚のガラスに開孔した。

ビアの断面形状はレーザーの強度などのパラメータに依存する。両面から開孔すると図(d)のように上下対称的なよいビア径状が得られた。この例は100μmのアルカリフリーガラスで，7J/cm^{2}のエネルギーで上下とも350パルスの照射で得られた。1mm^{2}の面積のマスクを使用してピッチ50μm，ビア径25μmのパターン製作が可能である。

図7-16は数種類のガラスについてパルス数に対しての開孔の深さを示す。レーザー波長は193nm，エネルギーは7J/cm^{2}である。図7-16のように1個のパルスで0.2μm程度開孔でき，さらに1mm^{2}程度の面積ではあるが，マスク照射が可能であり，1,000ビア/秒の開孔が可能というデータも発表されている。エキシマレーザーは，現在最も期待されているレーザー技術である。

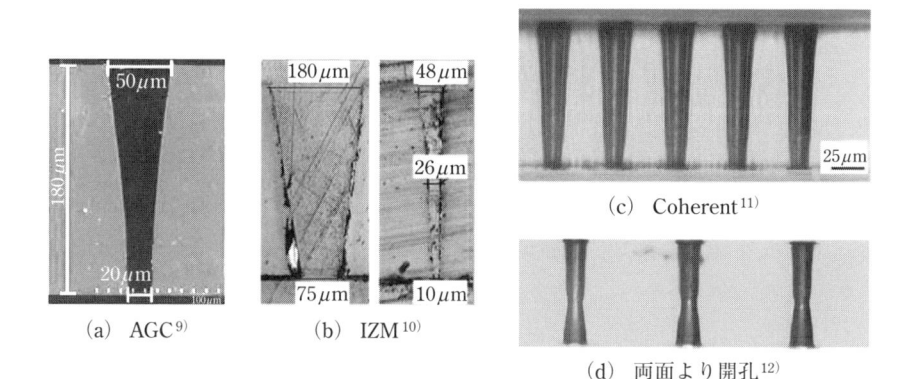

(a) AGC[9]　(b) IZM[10]　(c) Coherent[11]　(d) 両面より開孔[12]

図7-15　エキシマレーザーによるTGV

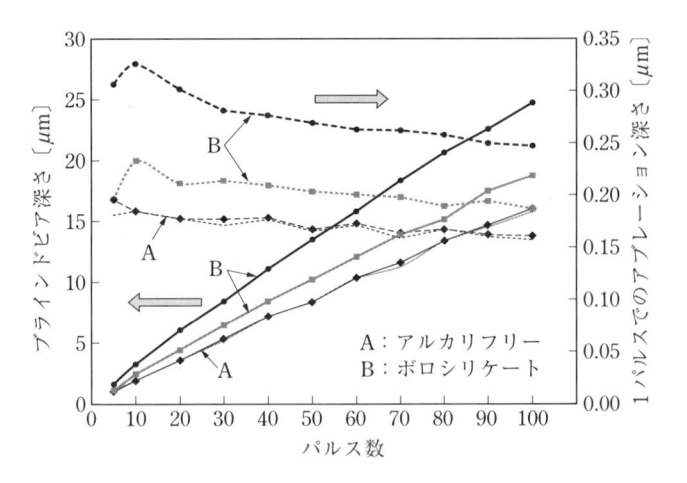

図7-16 エキシマレーザーによるTGVのビア深さ

(d) 高出力のCO₂レーザー

次に，出力が大きく加工用として知られるCO_2レーザーによる開孔については，実験の報告が増えつつある。CO_2レーザーは赤外線領域を使うので熱加工となり，ガラスが熔解しビア周辺に熱が拡散し，ビア周囲のガラス内に熱によるストレスが入りやすいともいわれる。ビアの断面形状はエキシマレーザーの場合よりさらに三角形に近づいている。

IZMでは図7-17(a)，(b)，(c)のような結果が得られている[12]。ガラス厚は500 μmで図(a)は350 μmピッチの開孔で，ビア周囲にデブリ状態が見られる。図(b)はビア径が上75 μm，下46 μm，図(c)は径が100 μmで断面形状が強い三角形になっている。

図(d)は三菱電機の発表で，遠赤外10 μm帯の三軸直交型CO_2レーザーで開孔したビア表面である。ガラスは厚さ100 μmの無アルカリガラスで，その表面はビア径の拡大を防ぐために，新開発の表面処理が行われている。レーザーはガルバノスキャナ(回転ミラー)方式を採用している。

CO_2レーザーのビア開孔は従来径40 μmが限界とされていたがこのビア径は25 μmでワイドIOにも適用可能であり，表面状態は良好である[13]。またビアの開孔速度は200個/秒が可能であり，ビア径が40 μmの場合は加工速度が速くな

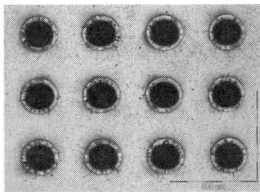

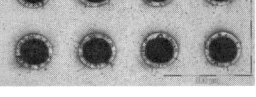

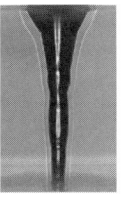

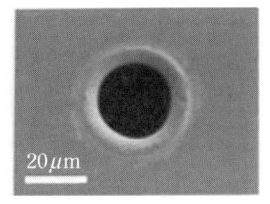

7.4 ガラスインターポーザのビア開孔

(a) IZM：350μm ピッチ[12]　(b) IZM：径 75μm[12]　(c) IZM：径 100μm[12]　(d) 三菱：無アルカリガラス 厚さ 100μm[13]

図7-17　CO_2レーザーによる小径ビアの開孔

り1,000個/秒が可能と想定されている．ビア開孔の高速化によってTGVの実用化が近いことが期待されている．

IZMとベルリン工科大学の2014年の発表では，CO_2レーザーによるTGVについてさらに検討を加えている[14]．図7-18(a)は薄型ガラスに対するビア加工例でSchottの145μmの厚ガラスに対して，上図は上部55μm，底部25μm，下図は上部60μm，底部40μm，ピッチは150μmである．ビアの開孔時間は0.11秒に短縮された．CO_2レーザー加工では図に見られるようにビアの径状がストレートでなく上部が広がっている．これはおそらく熱の放散状態と関連することと思われる．また図に見るようにビアの周囲に線が見られる．この部分はガラスが変質しているのであろう．CO_2レーザー加工ではガラスに熱ストレスが発生し，ガ

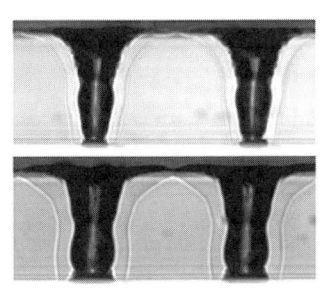

(a) 薄型ガラスの開孔

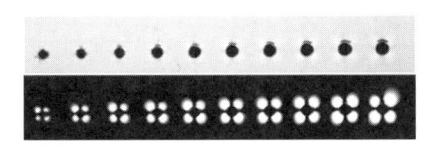

(b) ストレスの光弾性観測

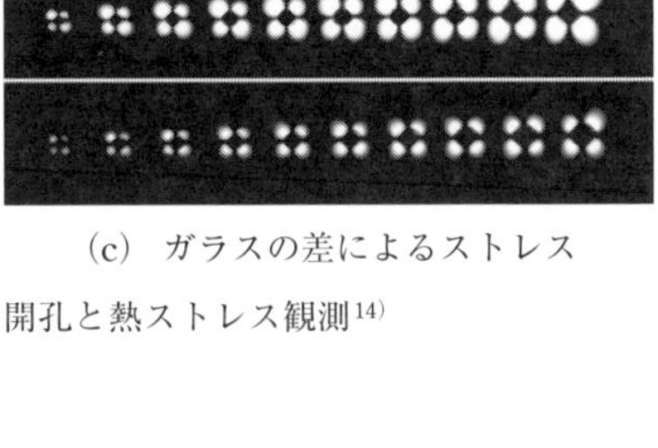

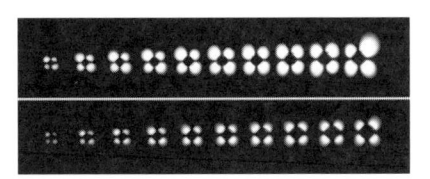

(c) ガラスの差によるストレス

図7-18　薄型ガラスの開孔と熱ストレス観測[14]

ラスの割れやはがれにつながるものと思われるので，加工後に加熱してアニールすることでこのストレスを軽減できるとしている。

実験では300～557℃で30分加熱するとストレスが消失した。ビアの熱ストレスは光弾性測定で観測できる。図(b)の上部のようなサイズの異なるビアについて光弾性測定すると図(b)の下部のように観測されるが，これをアニールするとこのイメージは全く見られなくなる。また図(c)はガラスの熱膨張係数の差によるストレスの違いを示すもので，上図はCTE = 7.2 ppm，下図はCTE = 3.3 ppmでストレスの差が見られる。

(e) レーザーに代わる放電加工

上述のようにレーザーによるビア開孔は問題を含みながら開発が進んでいるが，これに対して最近図7-19に示すFEDM (Focused Electrical Discharge Method：合焦点放電加工) を用いるビア開孔が，AGCで開発され注目されている[15]。

放電加工はEN-A1と呼ばれるアルカリフリーガラスに対して，ガラスの温度を上げておき，焦点を合わせた放電によって局部的にガラスを加熱熔解する。第2段階でジュール熱と内部の圧力で熔解したガラスを排出し，1ms以下で開孔でき，マスクは不要である。熔解したガラスの排出機構は明確ではないが，圧力を印加する構造になっていると思われる。放電装置の出力，電極形状などは未発表であるが，インターポーザ用の100μm厚の超薄型ガラスで，図7-20(a)のような25μm径で60μmピッチのビアが得られている。

また図(c)のように500μmの厚ガラスにも開孔できている。ビアの形状は内

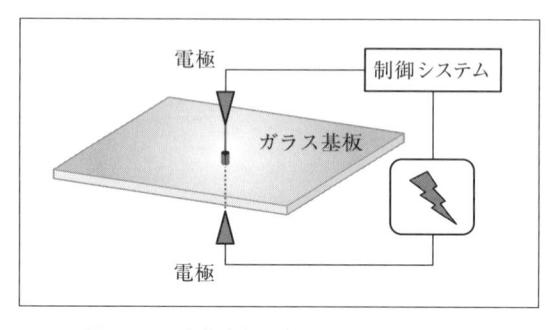

図 7-19　合焦点放電加工によるビア開孔

壁が曲面になる円錐形で上下の直径はやや異なる。実験ではビア径は20μm径，50μmピッチの製作が可能であった。

これは4.3節図4-4のワイドIO用TSVバンプパッドを製作することができるレベルである。AGCではこのFEDM-TGVを持つガラス基板を，実験用に供給しているので，大学や研究所でこのFEDMインターポーザが試作されている。開孔速度も速く今後有力なビア作成法として注目されている。

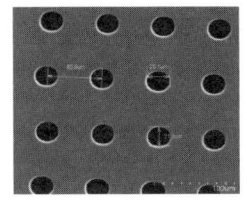

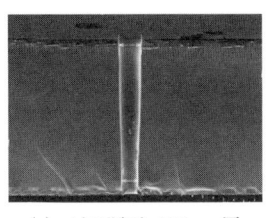

(a) 100μm厚，60μmピッチ　　(b) 180μm厚，30μm TGV　　(c) ビア断面，500μm厚

図7-20　放電加工によるビア形状

7.5　TGVのメタライズ

次にガラスビアへの導体充填について調べてみると，上述したビアはほとんど貫通型になっているが，ビア開孔を途中で止めれば当然ブラインドビアとなり，Siの場合のビアミドルプロセスと同様にガラス裏面の薄化が必要になる。TGV開発の初期には平滑な薄型ガラスがなく，ブラインドビアの実験が多かった。しかし最近では実験の多くは貫通ビアとなっている。これは平滑な薄型ガラスの製法が完成し巻き取りが可能になったことと，ビアプロセス後のガラスの薄化が取扱いも含めて必ずしも容易でなく，結局コスト上昇になるためと思われる。

しかしビアの充填だけを考えるとSiの場合と同じくブラインドビアの方が容易で，シード膜上にCuめっきされてビアが充填する。図7-21 (a) のブラインドビアはCorningの発表で[16]，700μmの厚ガラスにエキシマレーザーでブラインドビアを作成し，表面の直径が30μm，ビア深さが130μmである。まずPVDでビアに接着層 (adhesion layer) とCuシード膜を付けてCuめっきをする。見られるようにビア壁は平滑でボイドも見られない。

97

第7章　新インターポーザと2.1Dデバイス

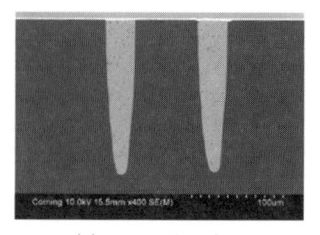

(a) レーザービア
　　Cu 充填[16]

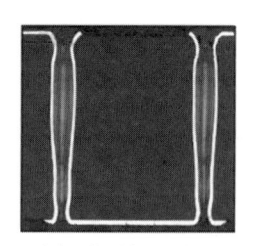

(b) 放電加工ビア
　　コンフォーマ
　　ル Cu 膜

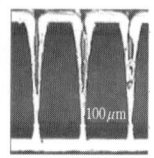

(c),(d) エキシマレーザ
　　　　ビアコンフォーマル
　　　　Cu 膜

図 7-21　TGV ビアへのコンフォーマル膜

　貫通型のビアについてはビア内壁にシード膜をスパッタし，めっきで膜を付けるコンフォーマル構造(壁の形状に沿った膜)は，製作が容易なため実験には多く使われる。当然気密性はなく，比較的ビア抵抗も高いがデバイス試作用としては多く用いられている。コンフォーマルビアの接着層についてはいくつかの実験例があり，AGCの放電加工ビアではCrとTiWを別々にスパッタリングし，これらをシードとしてCuをめっきし，プルテスト(導体膜とガラスの接着強度の引張りテスト)をしたが両方とも十分な接着強度があった。図(b)に示すビアは，AGCのガラスをIZMで加工したものである。

　径50μmのビアにスパッタリングでTiWの厚さ354nmの接着層と，Cuの1,950nmのシード層を付けCuめっきを行い，ビアの抵抗値は15～18mΩと測定されている。図(c),(d)は後述するGITのガラスサブストレートのTGVで，図(c)は初期の180μm厚，図(d)は100μm厚のエキシマレーザー開孔によるビア断面を示す。無電解Cuめっきによるシード層生成の後，Cuのコンフォーマル電解めっきを行った。実験では30μm厚の超薄型ガラスにもTGVが作成できた。

　貫通型ビアはコンフォーマル膜が多いと説明したが，最終的な製品としては充填ビアが必要とされている。今後貫通型ビアが主流となると，ビアの充填はコンフォーマル膜から全面充填に移行させる方法が必要になるため，図7-22のようにいくつかの方法が提案されている。図(a)では基板の底面にシード層を付け，めっきを行うとめっきが成長してビア内に充填する。図(b)はビア内壁にもシード層を付け，電解めっきを行うとやや厚いCu膜が付き，この状態ではコンフォー

7.5 TGVのメタライズ

マルビアになる。さらにめっきを続けると両側からのめっきは接触し、その後はビアが充填される。

これらの充填方法は、従来からECTC学会などで発表されているが、めっきプロセスの管理によっては、ボイドが残る可能性も持っている。またビアの中央部に選択的にめっきを成長させる方法として、SUNY（ニューヨーク州立大学）と荏原製作所はめっき液に添加剤TNBT（tetranitroblue tetrazolium chrolide）を混合し、図 (c) のようにビア入口でのCu成長を阻害する実験結果を発表した。このCu充填現象をSCF（Super Conformal Filling）と呼ぶことがある。図 (c) の左から右に時間経過によるめっきの成長状態を示す[21]。

またほかのビア充填技術としてAtotechではゾルゲル（sol gel）の使用を提案し

(a) 底部シードより延長

(b) ビア中央部より延長

(c) 添加剤によるビア充填効果[21]

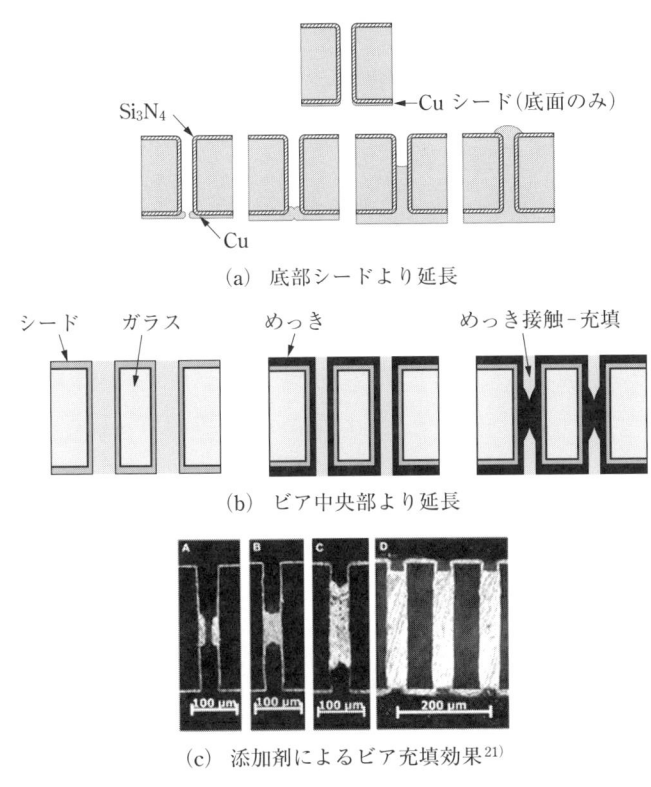

図 7-22　貫通ビアへの導体めっき

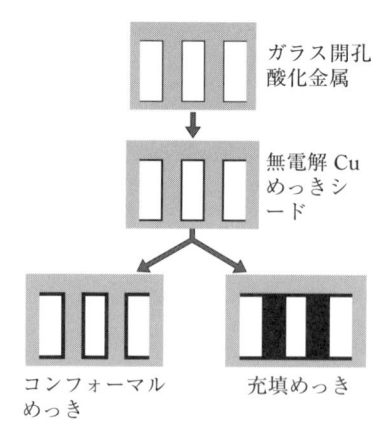

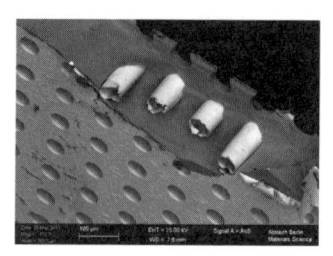

第7章　新インターポーザと2.1Dデバイス

図7-23　ウェットプロセスによるビア充填[17]

た。ガラスメーカーがこの技術を使っている例は多い。図7-23に示すがこの液は金属の酸化物を含み、活性化処理をするとある種の化学反応によってガラス表面が改質され、液はゾル状態から固体ゲルとなる。さらにアニールしてから無電解Cuめっきで0.3～0.5μmのシード層を作り、その後、電解Cuめっきを行ってビアを充填する。スパッタリングなどを使わないオールウェットプロセスであり、低コストでの充填が可能である。図中の写真はシード層形成後にガラスを破壊した状態で、シード層が形成されているのが見られる[17]。

　貫通ビアである放電加工によるビアについては、やはり導体の充填めっきが直接適用しにくい。そのためCuペーストの封入が試みられ、良好な結果が得られている。ペースト充填はAGCのガラスビアに対してn-ModeとTritonで実験した。Cuペーストのキュア後のCTEは、ガラスと合致するよう調整され気密ビアが可能になっている。130μmピッチで50μm径のビアへの充填が確認されている。またペーストの伝導度は1.6～1.9mΩ/□が得られていて、広範囲な3D構造に対応できると思われる。

　導電性ペーストの充填はSiでもいくつか実験されたが、製作プロセスなどの問題で主流にはなっていない。コンフォーマル膜構造が気密性に欠けることを考えると、ガラスではペーストが主流になり得るかも知れない。図7-24にTritonでのCuペーストのビアへの充填状態と、そのビア面を研磨した平坦度を示す。ビア面

7.5 TGVのメタライズ

Cuペースト充填，CTE調整，研磨前
(a)

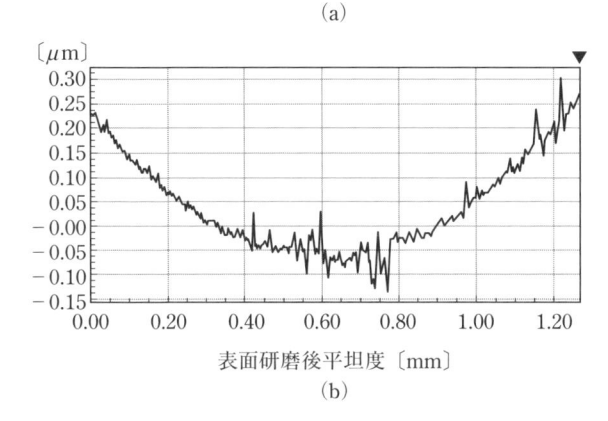

表面研磨後平坦度〔mm〕
(b)

図7-24 ビアのペースト充填[22]

は約100nm程度の凹みすなわちディッシングが起こっている[22]。

またDNPは7.6節で後述するようにインターポーザ作成時に，AGCで作られた放電加工ビアにCuめっきを行っている。ビアの内壁を親水性にしてボイドをなくすために，バリヤとシード層をスパッタした後プラズマアッシングを行い，Cuめっきを行う[19]。

図7-25(a)は200mmガラスウエハ内のビアへの，Cu充填後の盛り上り(overburden)を示している。ウエハのXY方向の盛り上りは，ウエハ中央部がやや大きいが100μm以下である。この盛り上りはその後のCMP研磨で平坦にするが，ガラスとCuの硬度差によってビア面が凹むディッシングが発生する。ガラス厚は300μmあるが，ディッシングの中央部の高さを図(b)に示す。最大6μm

101

第7章　新インターポーザと2.1Dデバイス

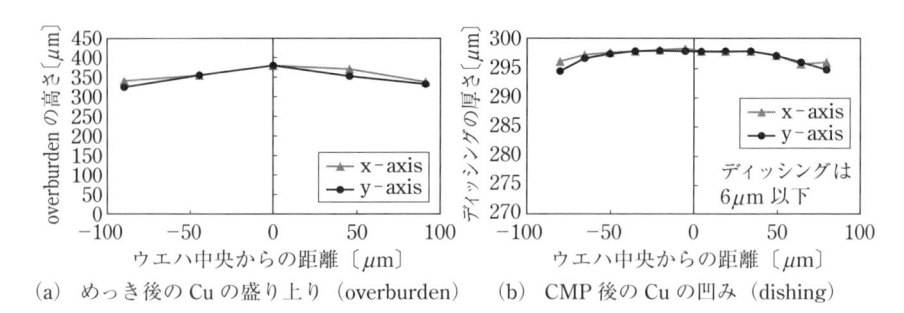

(a) めっき後のCuの盛り上り（overburden）　(b) CMP後のCuの凹み（dishing）

図 7-25　Cuビアめっきの非平坦性

程度のディッシング深さになっている。

上述のようにビアにCuを充填すると必ず盛り上りが発生する。この現象はCMP研磨によって平坦化する必要があるが，これはSiのTSVにおいても全く同様で，工程数が増えるため，貫通ビアのコストアップ要因になっている。清川めっきではこのCMP工程を必要としない工程をTSV時代にも提案していて，TGVにおいてもCMPレスプロセスを提唱している。

図7-26にその工程を示すが，ビア充填後CMPなしでフォトレジストで配線パターンを作り，配線まで同時にめっきする。このプロセスの細部は発表されていないが，おそらくめっき液の配合とプロセスの制御により盛り上りを極力抑える

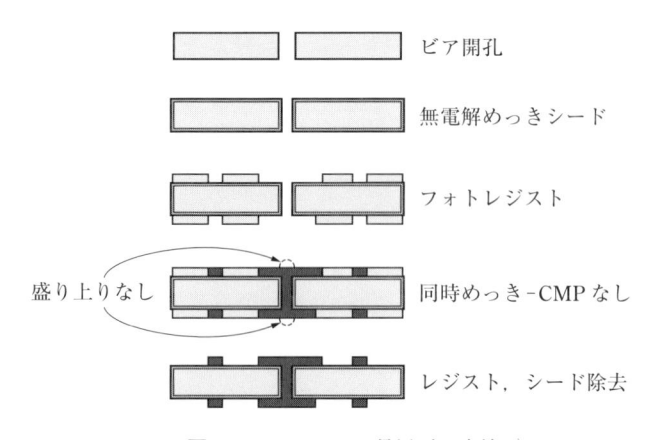

ビア開孔
無電解めっきシード
フォトレジスト
盛り上りなし　同時めっき-CMPなし
レジスト，シード除去

図 7-26　CMPレス貫通ビア充填[23]

102

か，配線厚さ内に制御するものと思われる[23]。

このほかに独特なビア充填構造としてNEC-Schottのタングステンプラグ(HermeS)がある。Wの細線を埋め込んだガラスウエハを作るのでビア作成，メタライズなどの工程が不要になる。気密性がよくMEMSなどに使われたが，線径が最小100μm前後なので，最近の2.5D用途には難しいようである。

7.6　ガラスインターポーザと配線技術

ガラスインターポーザは表面にボンデイングパッドと配線(RDL：Redistribution Line)，裏面にもバンプ作成用の配線が必要である。特にモバイル用の場合はワイドIOを想定するとパッドピッチが50μm，配線のL/Sが5μm程度の微細配線が必要になる。ガラスの表面はSiウエハのように平坦であり，誘電特性がよいため高周波特性も良好なので，この微細配線の要求に対していくつかの試みが発表されている。各社とも独自の配線作成法を採用している。

IZMの標準的なプロセスはTiWをガラスにスパッタし，標準的なフォトリソ(写真刻蝕法)でTiWの配線パターンをエッチングし，TiWをシードとしてAuめっきで配線を作る。Auの代わりにCuでもよい結果が得られている。

Corningでは同社のfusion glass上にTaTiの接着層を付け，フォトエッチ後Cuめっきで配線パターンを作っている。

AGCでは同社のEN-A1ガラスに2種類の配線を試み，TiW-CuとCr-Cuの接着層と配線層を付け，剥離強度を測定した結果，それぞれ211mN(ミリニュートン)と347mNの充分な強度があった。これはSi上のTiW-Cuの244mNを上回った。

NEC-Schottのタングステンプラグ(7.5節参照)への配線はTiW-Cuの厚さ200～300nmのスパッタ上に10μmのCuをめっきし，フォトリソで配線パターンを作った。この実験はIZMも参加しているため，IZMと同じ選択となったようである。

ITRIではガラスインターポーザの高周波特性を調べるため，測定用の素子を作成したが[7]，貫通型ではないブラインドビア開孔の後Ti/Cuのシードを付け，セミアデティブ法でCuめっきを行った。配線上にパシベーション用のPBO(ポリベンゾオキサゾール)を200℃以下で付け，バンプ位置にCu/Snの径15μmの

UBM（under bump metal）を生成した。次にガラス薄化のために表面にサポートを付け，研磨とCMPを行ってCuビアの頭出しを行った。

　以上を踏まえるとガラスへの配線はTiW, Cr, Tiなどの接着層をスパッタして，パターンのフォトエッチング後Cuをめっきするか，めっき後全配線層をフォトエッチングするのがよい。表面が平坦のため微細配線も容易となり，ガラスインターポーザ上の配線には大きな問題はなさそうである。ただし，多層の配線層を作るにはポリマー層を追加するので，有機基板とは違った問題が起こる可能性はある。

　次に実用のガラスインターポーザに近いといわれている，DNPのガラスインターポーザについて説明する。同社はSiインターポーザを数年前から完成しているが，2014年に完成度の高いガラスインターポーザを発表した[19]。Siインターポーザは2.5D構造の主要技術として大きく期待されながら，実用化が遅れたが，これは製造コストが高いのと，高周波信号ロスが大きいためであった。

　これに対してガラスインターポーザは高周波特性がよく，ビアの製作技術が過去数か月で急速に進歩し，また大型パネルを使うことでインターポーザの大幅なコストダウンが可能になった。DNPの発表は300μmの厚いガラスで，6μmの微細配線も製作されていて，当然2.1D構造が視野に入っている。同社はSiインターポーザも製作しているので，表7-2に示すようなガラスインターポーザとSiインターポーザの比較を発表している。Siの径300mmウエハに対してガラスは730×900mm，厚さ300μmの角型の大型パネルを使い，径50μm，ピッチ200μmのTGVをパネルあたり100,000個以上製作できる。

表7-2　Siインターポーザとガラスインターポーザの比較

	Siインターポーザ	ガラスインターポーザ
厚さ〔μm〕	60〜200	100〜300
開　孔	DRIE	FEDM
充填金属	Cu	Cu
RDL	Cuダマシン	Cu-ポリイミド
絶縁層	SiO_2	ポリイミド
サイズ〔mm〕	300ウエハ	700×900パネル
チップ数	47	667

7.6 ガラスインターポーザと配線技術

ガラスインターポーザの製作工程を図7-27に示す。ガラスはアルカリフリーで、ビア開孔はAGCによるFEDM（Focused Electrical Discharging Method：放電加工法、7.4節）を使った。ビアにはTi/Cuのシードを付け、シード表面を親水性にするためプラズマアッシングを行い、CuをPPR法（Periodic Pulse Reverse）によりめっきしてCMPで表面を平坦化した。Cuのビア部の盛り上りとディッシングについては図7-25で説明したが、これらの状態はSiの場合と類似している。

図7-28はTGVの断面と配線の状態を示す。FEDMによるビア断面を図(a)に示す。Cu充填、CMP後のビアの表面と裏面を図(b)に示す。厚さ300μm、上部は径60μm、底部は径40μmになり、ビア内壁は放電加工の高温によってガラスが熔解するため平滑である。表面配線（RDL）の製作については図(c)に示すように6μm/6μmのL/Sと微細になっているが、5μm幅以下にすると信号減衰が急激に増えることが測定された。

絶縁層としてまず感光性ポリイミドを8μm厚に塗布し、200℃で硬化すると厚さが4μmに減少する。この上にCuシードを付け、10μm厚のポジレジストを使い、セミアデティブでめっきしパターン化している。このポリイミドはガラスとCu間の熱膨張係数のミスマッチによるストレスの軽減にも役立った。

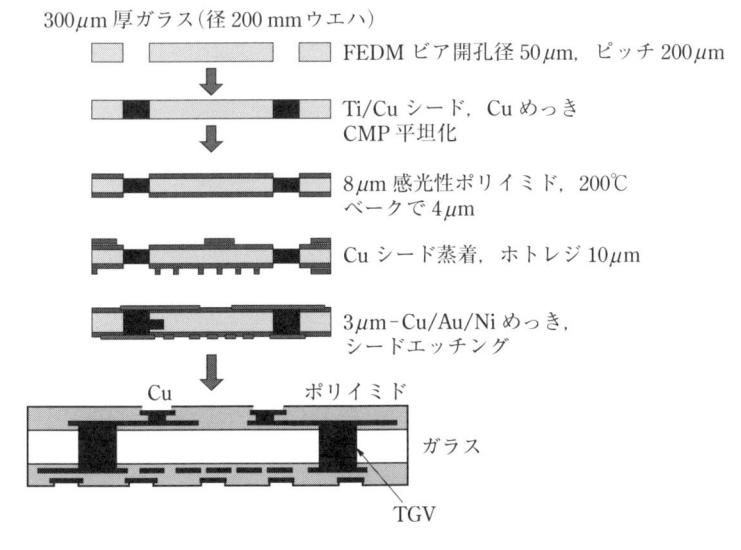

図 7-27 ガラスインターポーザ工程

第7章 新インターポーザと2.1Dデバイス

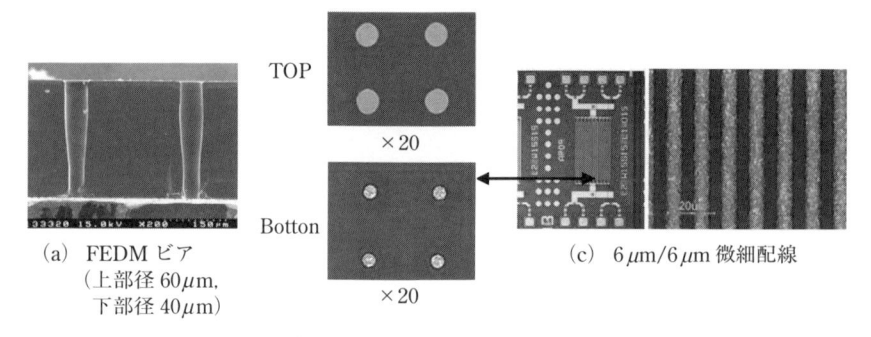

(a) FEDM ビア
（上部径 60μm，下部径 40μm）

(b) Cu 充填後ビア表裏面

(c) 6μm/6μm 微細配線

図 7-28 FEDM によるビア断面と微細配線

7.7 期待される2.1Dガラスサブストレート

　微細配線の可能なやや厚いガラスインターポーザは，有機基板を使わずにサブストレートとしてBGAバンプを付ければ，コスト競争力のあるモバイル用2.1D構造デバイスとして期待できる。GITでは日本の材料メーカー（AGC，Zeon，Namicsなど）と協力して以下に述べるような先進的なガラスパッケージを開発している[18]。薄ガラスはビア加工も容易で高周波特性も良好であるが，問題点は細くてピッチの細かいビアを作り，メタライズする加工中に割れやすいことである。

　薄いガラスの取扱いについては，ポリマー膜で両面をラミネートすることでガラスの破損を防ぎ，ビア開孔時にもガラス面を保護することができた。ガラスの厚さは180μmであるが，最近30μmという極薄ガラスでも両面保護膜を使ってキャリアなしで使用可能となった。ビア開孔についてはエキシマレーザーと放電加工の両方を試み，1,000個/秒の開孔に成功した。ビアめっきについてはCuの無電解めっき後電解めっき膜をコンフォーマルで作成した。

　サブストレートの製作はパネル形状で行い，真空プロセスは使用しないのでコスト的に有利である。配線層数は微細配線を使いモバイル用としては図7-29 (a) に示すようにピッチ50μmで層数は2-0-2構造である。表面絶縁膜はZeon製の厚さ10～15μmのドライフィルムZEONIFを用い，配線はサブストレートの両面にセミア

106

7.7 期待される2.1Dガラスサブストレート

デティブ法で，L/Sは3～5μmで製作した．露光用プロジェクタはウシオ製，レジストは日立ケミカル製である．

図(b)にポリマー表面の5μmのCu配線と厚さ11μmの断面状態を示す．図(c)は$L/S＝4μ$mの配線である．図7-29の図と写真の配線のサイズは一致していない．図7-30にエキシマレーザーとコンフォーマル膜による，TGVの180μm厚の2-0-2サブストレートを示す．このガラスサブストレートでデバイスを試作したが，チップはモバイルプロセッサで10×10mm角，5,500個のIOをサブストレートにボンディングした状態を図(b)に示す．バンプピッチはモバイル用のワイドIOを想定し，バンプはCuSnAgを用いている．このガラスパッケージはコスト的にも特性的にもモバイル用途に適していると考えられ，今後の発展が期待される．

ガラスパッケージの製作工程の概念図を図7-31に示す．ビア開孔-メタリゼーション-第1層RDL-ポリマー＋第2層-RDL-チップボンディング-ダイシング（必要に応じてモールディング）の順序となる．ビアの充填はコンフォーマルである．この図は説明のためにガラスサブストレートを，厚く描いてあるが実際はかなり薄く，従来の半導体パッケージよりもはるかに薄いイメージになる．GITはガラスパッケージを半導体パッケージの次世代の理想形として，世界の実装研究機関の協力で開発を進めている．図7-32は現時点の技術をさらに延長してガラスパッ

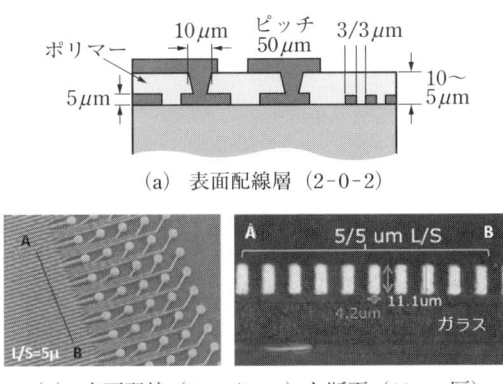

(a) 表面配線層（2-0-2）

(b) 表面配線（5μm/5μm）と断面（11μm厚）

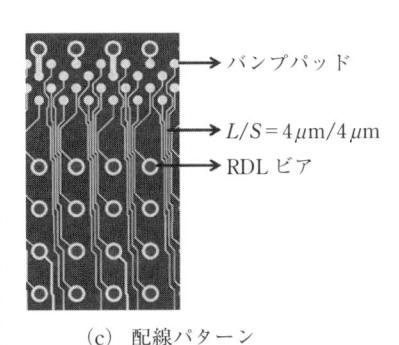

(c) 配線パターン

図7-29 2.1Dガラスサブストレート上のRDL

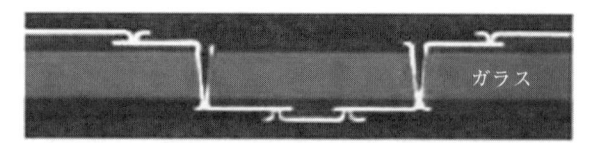

第7章　新インターポーザと2.1Dデバイス

（a）両面4メタル層ガラスサブストレート，180μm厚コンフォーマルビア

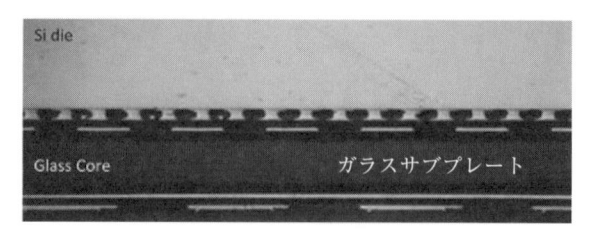

（b）CuSnAgバンプチップ搭載サーモコンプレッションボンディング

図7-30　ガラスサブストレートとチップボンディング断面

ケージの両面にIC，3DIC，デジタルIC，電源，RFなどのチップを搭載したシステムパッケージの目標イメージを示している。目標値としてはガラスサブストレートは厚さ30〜200μm，RDLは2〜5μm，IOピッチは30〜50μmである[24]。

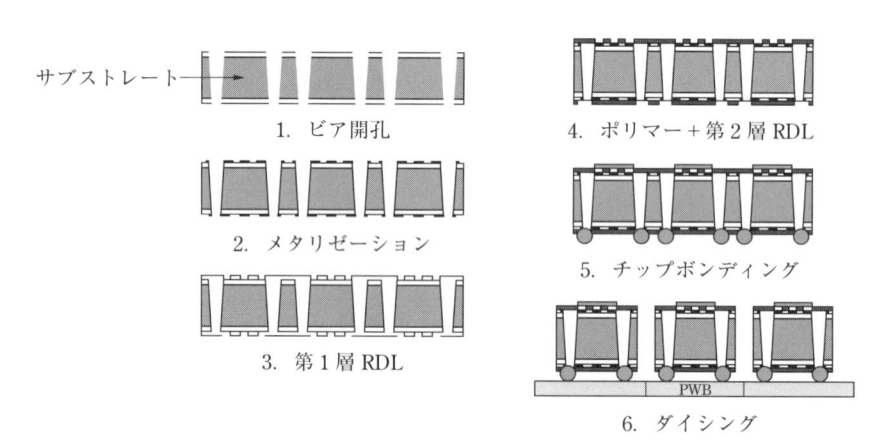

1. ビア開孔
2. メタリゼーション
3. 第1層RDL
4. ポリマー＋第2層RDL
5. チップボンディング
6. ダイシング

図7-31　ガラスパッケージ組立フロー

7.7　期待される2.1Dガラスサブストレート

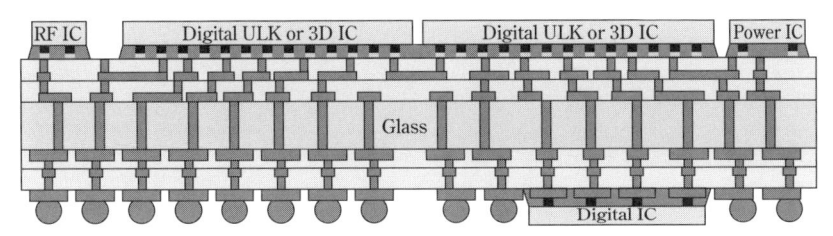

3DICを上下面に搭載したガラス2.5D構造

図7-32　ガラスパッケージ構造目標[24]

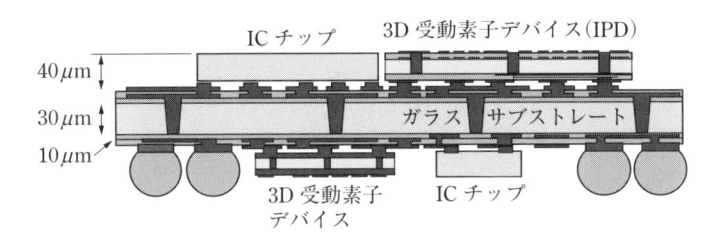

図7-33　受動素子搭載IPAC構造[25]

　ガラスパッケージの応用について，GITで発表しているいくつかの応用例を簡単に紹介すると，図7-33はIPAC (Integrated Passive and Active Components) と呼ばれるグループで，ICチップのほかに3Dの受動部品も搭載したデバイスになっている[25]。この例ではインターポーザは厚さ30μmでパッケージ全体でもバンプを除き100μmと，極薄のパッケージになっている。

　また図7-34もIPACであるが，受動部品はガラスインターポーザ上の配線を利用して，いわゆる部品内蔵型になっていて，この例ではローパスフィルタ2個をインターポーザの上下に構成している。この例ではコイルをガラス面上に渦巻形に作っているが，TGVを含んでインターポーザ自身を捲く形でのコイルも報告されている。ガラスは有機またはSiと違って理想的絶縁体なので，受動部品も設計が容易になると思われる。

第7章　新インターポーザと2.1Dデバイス

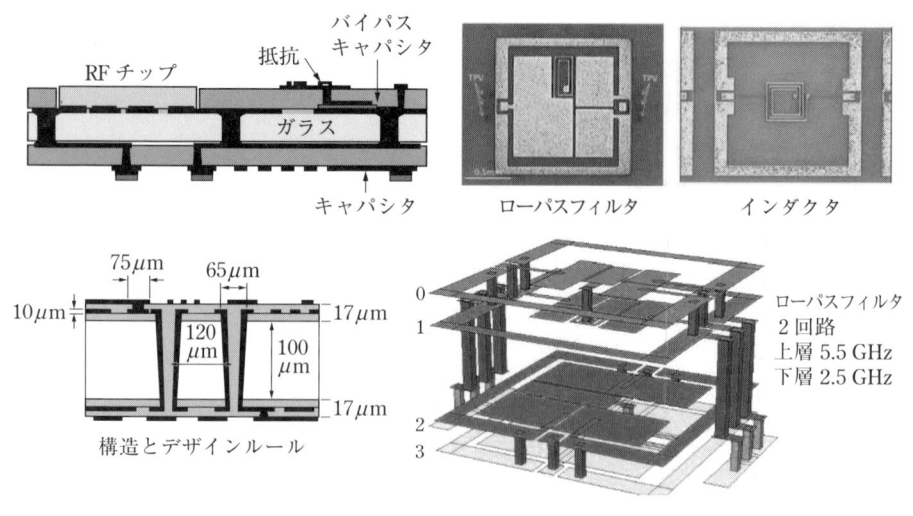

図7-34　ガラスベース RF モジュール

第7章　参考文献

1) 石田光也（京セラSLC）"APX Introduction" JIEP システムインテグレーション実装技術研究会, 2013, p.22.
2) N.Shimizu（Shinko）"Development of Organic Multi Chip Package for High Performance Application" IMAPS 2013, TP65, p.414.
3) 小山利徳（新光電気）"2.1D インターポーザの開発状況" 第26回長野実装フォーラム, 2014, p.33.
4) 清水浩（日立化成）"$L/S=10/10\,\mu m$ 以下を可能とする次世代パッケージ微細配線形成ビルドアップ材料" JIEPマイクロ・ナノファブリケーション研究会 第21回, 2013.
5) J.Baron（Yole）"Insight from Leading Edge" GIT 2011 Global Interposer Conf.
6) S.K.Lim（GIT）"High Bandwidth Design with Thin Interposers" GIT PRC IIT Workshop. 2011.
7) C.H.Chien（ITRI）"Performance and Process Comparison between Glass and Si Interposer for 3D-IC Integration" IMAPS 2013, WP12, p.1.
8) 初田美砂紀（HOYA）"感光性ガラス PEG3 の微細加工と応用製品" New Glass vol.22, No.1. 2007.
9) 西原芳幸（AGC）"インターポーザなどへのガラス基板及びTGV技術の応用" 第26

7.7 期待される2.1Dガラスサブストレート

回 長野実装フォーラム, 2014, p.21.
10) H.Schroder (IZM) "A 3D Glass Based Interposer Concept for SiP with Integrated Optical Interconnections" ECTC 2010, p.1647.
11) R.Delmdahl (Coherent) "Laser Drilling of High-Density Through Glass Vias (TGVs) for 2.5D and 3D Packaging" J.Microelectron.Packag. Soc, 2014, p.53.
12) Fraunhofer Homepage, Manufacturing and Prototyping "CO_2 laser drilling of glass" 2013.
13) "パルスCO_2レーザーによるガラス微細加工技術を開発" 三菱電機News Release. 2014.
14) L.Brusberg (Fraunhofer) "CO_2-Laser Drilling of TGVs for Glass Interposer Applications" ECTC 2014, p.1759.
15) S.Takahashi (AGC) "Development of Through Glass Via (TGV) Formation Technology Using Electrical Discharging for 2.5D/3D Integrated Packaging" ECTC 2013, p.348.
16) A.Shorey (Corning) "Glass Interposer Substrates: Fabrication, Characterization and Modeling" IMAPS 2013, p.625.
17) S.Bamberg (Atotech) "Challenges of Adhesion Promotion for the Metallization of Glass Interposers" IMAPS 2013, WP15, p.635.
18) V.Sundaram (GIT) "First Demonstration of a Surface Mountable, Ultra-Thin Glass BGA Package for Smart Mobile Logic Device" ECTC 2014, p.365.
19) S.Kuramochi (DNP) "Cost Effective Interposer for Advanced Electronic packages" ECTC 2014, p.1673.
20) Z.Pei (N.C.H.Univ.) "Formation of Through-Glass-Via (TGV) by Photo-Chemical Etching with High electivity" IMAPS 2012. p785.
21) P.Ogutu (SUNY) "Superconformal Filling of Through Vias in Glass Interposers" ECS Electrochemistry letters. 2014, vol.3, D30.
22) T.Mebly (n-Mode) "Through lass Via (TGV) Solutions for Wafer and Chip level Interposers" AGC-n-Mode publication.
23) 清川肇 (清川) "TSV形成用めっき技術の最新動向と今後の展望" 電子ジャーナル 1225th Technical Seminar.
24) GIT-PRC Report. 2014.
25) P.Raj (GIT) "3DIPAC, a new concept in integrated passive and active components" chip scale review, 2013, p.1.

第8章
3D用マイクロバンプ, チップフィル, 実装材料

8.1　TSVとマイクロバンプ

　TSVチップの形状は，従来使われていたフリップチップと同じく，裏面にバンプを持っている。フリップチップはバンプ数が少なく，またチップのRDL(表面配線)でバンプを分散配置することができるため，バンプを受けるパッドは有機基板上に余裕を持って配置ができた。バンプのピッチは200〜300 μm程度で，バンプの直径はその約50％程度となるので，図8-1のように80〜100 μm程度が普通であった。
　しかし3D〜TSV時代になるとワイドIOのバンプ配置(4.3節参照)で述べたように，

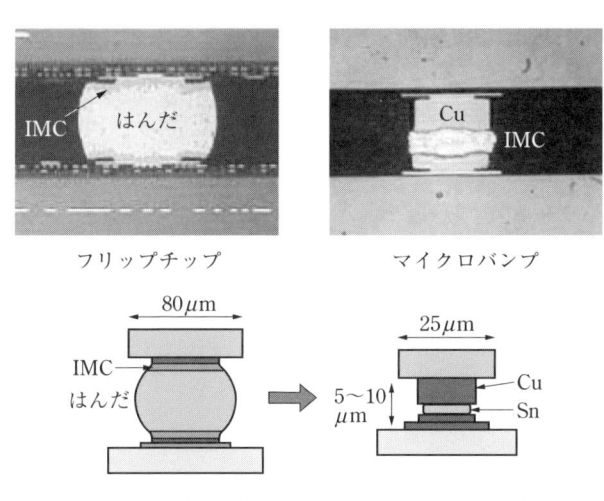

図8-1　フリップチップバンプとマイクロバンプ

第8章　3D用マイクロバンプ，チップフィル，実装材料

狭い面積にバンプ数が1,200個も必要なので，ピッチが40μmでバンプ径は15～25μmにする必要がある。この小型バンプをマイクロバンプと呼んでいて，ワイドIOやそのほかの3Dチップ用接続に使われる。ワイドIOのバンプピッチとサイズは，有機基板での製作可能なパターン精度に合わせて設定されたと思われる。

フリップチップの場合，図8-1のようにバンプはほとんど球形のはんだになっていて，ボンディング時にはこのはんだが熔融し，はんだ付けと同様にパッドと融着し，温度を下げると固化する。はんだとCuパッドの間にはCuとはんだ金属（鉛フリーはんだ）のIMC（Inter Metallic Compound：金属間化合物）が成長するが，その厚さははんだ全体に比べてかなり薄い。一方，直径の小さいTSVバンプでは，はんだ金属（代表的金属としてSnと仮定する）の量を多くすると，ボンディング時に熔融したSnが隣のバンプに接触する可能性があるので，Snの量は相当に少なく設計されている。

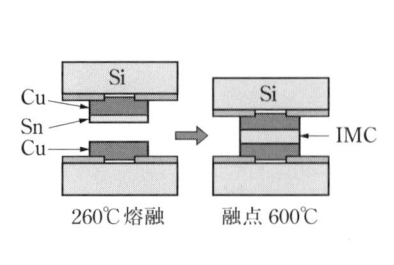

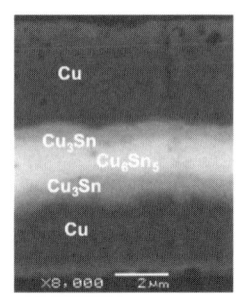

このためボンディング時に生成するIMCは図8-2のように短時間ではんだ部全体になってしまう。ボンディング時はSnの融点が231℃のため，リフロー温度は260℃前後とするが，IMCは通常融点が上昇し，再度Snの融点に上げてもバンプは熔融せず，600℃付近まで熔融しない。Siチップと有機基板は熱膨張係数が違うので，ボンディング温度（ストレスのない状態）から室温に冷却すると，チップにワーページ（反り）が発生し（3.6節参照），バンプにストレスがかかる。はんだは柔らかいので，このストレスをある程度吸収するが，はんだがIMCになってしまうと固くてストレスが吸収できず，バンプ破損などの断線が発生しやすくなる。

図8-2　Cu-Snボンディング界面での金属間化合物

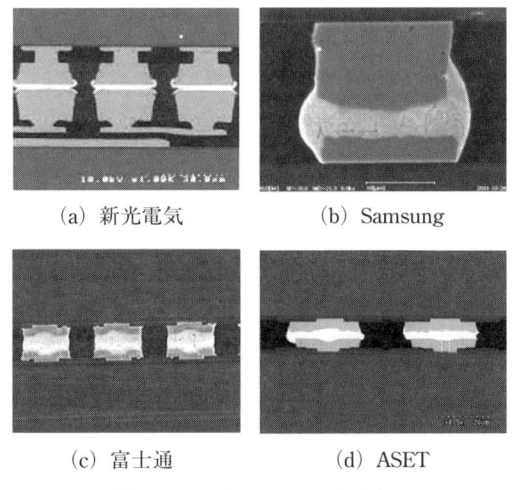

8.1 TSVとマイクロバンプ

　マイクロバンプの開発例をいくつか示す．図8-3，図8-4は各種のマイクロバンプの外観と断面である．必ずしもすべてがTSV用ではなく高精度フリップチップやCoC構造用もある．バンプの構成金属は各種のものが試みられ，表面バンプと裏面バンプでもやや異なるものが多い．

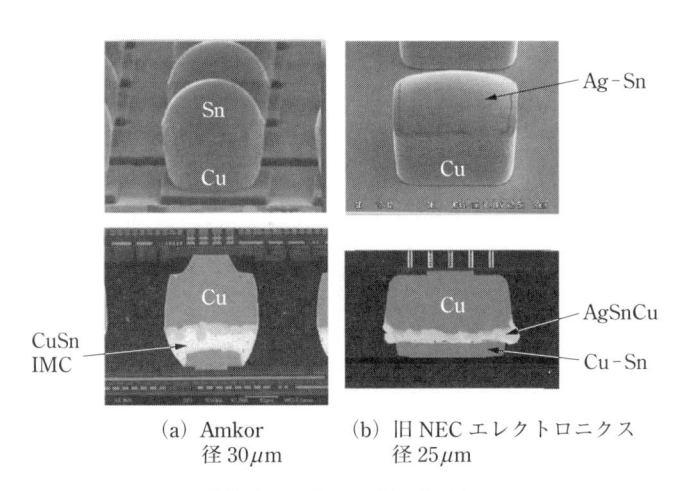

(a) Amkor
径 30μm

(b) 旧NECエレクトロニクス
径 25μm

図8-3　マイクロバンプ (1)

(a) 新光電気

(b) Samsung

(c) 富士通

(d) ASET

図8-4　マイクロバンプ (2)

第8章　3D用マイクロバンプ，チップフィル，実装材料

　裏面バンプの底部はCuで，はんだ金属はSn2.5％AgやSnが多い。SnAgは融点が221℃と低く接合信頼性も良好であるが，コストがやや高いので鉛フリーはんだの開発時点で検討されたが，最近はSnが主流となっている。表面酸化を防ぐため金も使われるが，金は薄膜のため量が少なくボンディング時にはんだ中に熔融する。また低融点金属としてInも試みられていて，柔らかさとIMCの組成に特長があるがコストが高い。またCuの表面がやや酸化しやすいため，表面にNiを付着性改良のため付ける例もある。

　表面バンプの場合，チップの配線がAlの場合はCuとの接続をよくするために，AlとCuの間にUBM（Under Barrier Metal）としてTiが使われることが多い。図8-4のようにバンプの高さは各種あるが，ボンディング後にアンダーフィル（UF：Under Fill；チップ保護用樹脂）が入りやすくするためにはある程度の高さが必要である。この問題については8.2節，8.3節で後述するピラーバンプ，インターチップフィルを参照のこと。

8.2　高さを保つピラーバンプ

　マイクロバンプが小型化すると，バンプの高さも比例して低くなり，特に基板上にチップボンディングする際，基板に数μmの厚さの配線の凹凸があるので，バンプの接触が不十分になり，またアンダーフィルがチップの下に入らなくなるので，バンプはある程度高くする必要がある。特に高く作ったバンプをピラー（柱）バンプと呼んでいる。Cuピラーの高さはバンプ直径の2倍程度（40〜60μm）まで作られている。

　図8-5にピラーバンプの形状とボンディング後の断面の数例を示す。Cuピラー上のはんだ部分はNi-SnAgまたはSnが多い。図中のワイドIOへの応用の例（ChipPAC）ではプロセッサと基板の接続にピラーバンプ，メモリとプロセッサ間は低いマイクロバンプになっていることがわかる。ピラーバンプを作るには厚膜レジストとセミアデティブめっき法で，Cuとはんだを順次めっきする。レジストとしては70〜90μmの厚さで正確にパターンが切れる必要があり，特に形状性のよいピラー形成用レジストが開発されている。

図8-5 ピラーバンプ各種

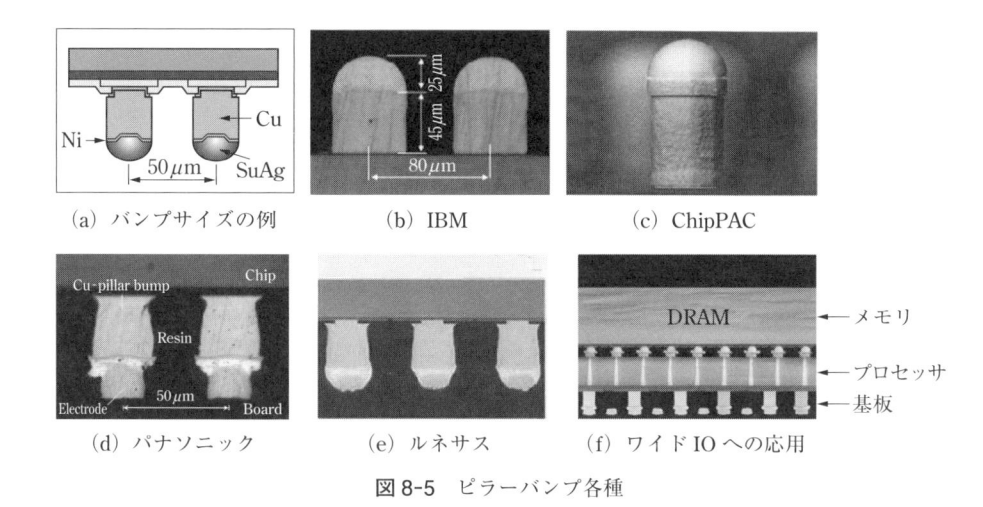

8.3 3Dチップの保護用インターチップフィル

　フリップチップボンディングに際しては，基板とチップの間にアンダーフィル樹脂が使われる。アンダーフィルはチップを耐湿的に保護し，ボンディングの信頼性を確保し，熱による機械的ストレスからもチップを守る重要な役割を果たす。また，その中にフィラーを含ませて熱伝導度を上げたり，またフラックスを混入してはんだの濡れを改善するなどの機能も持っている。通常はチップボンディングの後，液状の樹脂をキャピラリでチップ側面から注入してから加熱して硬化させる。
　3D，2.5Dではチップ間に同じ目的で樹脂を挟むので，これをインターチップフィル（ICF）と呼んでいる。また従来から使われていたペースト状のNCP（Non Conductive Paste）や，フィルム状のNCF（Non Conductive Film）も同じ目的で使われることが多い。インターチップフィルはアンダーフィルと違って，多くの制約があるので，その使用法については種々のアイデアが提案されている。
　まず8.2節で述べたピラーバンプの基板へのボンディングであるが，ピラーバンプが高いといっても，やはりチップ下部への樹脂の流れは充分ではない。パナソニックではESC（Epoxy-encapusulated Solder Connection）と呼ぶプロセス[1]で，

図8-6のようにあらかじめNCP，NCFなどの樹脂を適当な粘度にして基板に塗布しておき，この樹脂の上からチップを基板のパッドに接触させ，多数のチップを一度に加圧，加熱してボンディングを成立させ，同時に樹脂を硬化させる。

この方法を前塗布ボンディングと呼ぶ場合もある。この方法は3.2節のハイブリッドボンディングと基本的には同じ発想である。また，ナミックスでは類似のプロセスで基板にアンダーフィルをスプレー塗布した後，加熱して樹脂をBステージ化（完全に硬化はしていないが，流動性を失っている状態）して固定化したものを使う。これをBNUF (B-stageable No Flow Underfill) と呼んでいる[2]。

大型の基板上にチップを載せる場合はこの方法でよいが，チップ上に第2層のチップを載せる場合は使えないので，チップの裏面にICFを塗布する方法が使われる。チップにICFを塗布する方法として，住友ベークライトではOBAR (Over Bump Applied Resin) を提案した[3]。図8-7に示すようにまずウエハ全面のバンプ側にスピンコートでフィラー（シリカ）を60％入れたエポキシ樹脂を塗布し，これを90℃，90分ベークしてBステージ化し，その後ダイシングしてチップ化する。

Bステージ化したウエハやチップはこの状態で保存が可能である。ボンディング時には加熱，加圧により樹脂は軟化し，バンプは融着して150℃，2Hrのポストキュア（硬化が進行し安定化する）によって樹脂が硬化する。基板上にもチップ上にも熱圧着で可能である。基板へのボンディングの場合樹脂を追加すると，チップ周辺にフィレット（樹脂流れ）を形成して信頼性を向上させることも可能である。

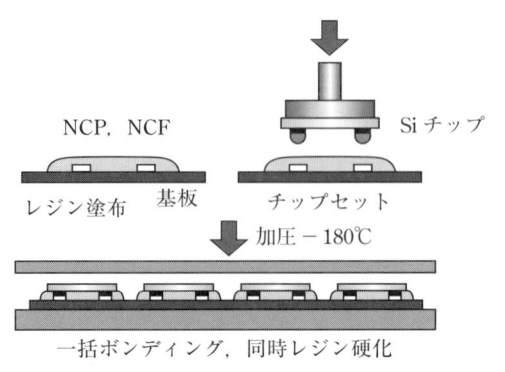

図8-6 樹脂塗布一括ボンディング，樹脂硬化[2]

8.3 3Dチップの保護用インターチップフィル

ウエハ全面にNCPを塗布するにはスピンコートを使うが，フィルム状のNCFをウエハに貼るのは，液状のNCPに比べて装置も簡単で生産性がよい。2008年に東レはWL-NCF (Wafer Level Non Conductive Film) フィルムを発表した[4]。80～95℃で軟化しウエハに密着し容易にダイシングができる。図8-8(a)にNCFを貼り付けてスクライブしたチップを示す。フィルムも正確に切断されている。チップボンディングでは200℃10秒でキュアする。図(b)に示すようにチップ周辺へのフィレットはわずかである。その後NCFは半導体ラインではフィルム貼付け装置とともに広く使用され，NCF貼付けによる積層などの報告も多い。

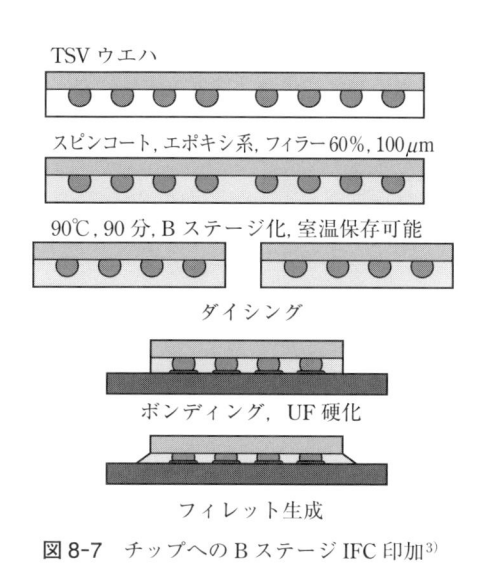

TSV ウエハ

スピンコート，エポキシ系，フィラー60%，100μm

90℃, 90分, Bステージ化, 室温保存可能

ダイシング

ボンディング，UF硬化

フィレット生成

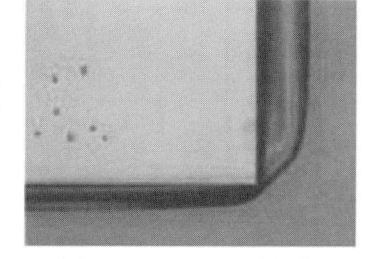

図8-7　チップへのBステージIFC印加[3]

(a) 貼付けチップのスクライブ　　(b) フィレットの生成状態

図8-8　全面NCF貼付けチップのダイシング[4]

第8章 3D用マイクロバンプ，チップフィル，実装材料

またNCFの応用例として，日立化成の報告では図8-9のように50μmのウエハに30μmのNCFを貼り，ダイシング後250℃で5秒加熱してボンディングすると，NCFはチップ間に完全に充填される[5]。NCFに硬化剤を加えてボンディング時間を制御できる。このプロセスをさらに容易にするために，ダイシング複合テープが作られた。ウエハダイシング時にはウエハをダイシングテープ（DCテープ）に貼り付けるので，ダイシングテープにフラックス入りのNCFを重ねたICF（Inner Chip Film）テープがASET，ルネサス，日東電工で共同開発された[6]。このプロセスを図8-10(a)に示す。ダイシングの後ではチップのピックアップ時に，

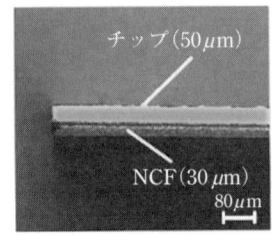

(a) NCF貼付けチップダイシング後

(b) Cu-SnAgバンプボンディング断面

図8-9 NCF貼付けチップのボンディング[5]

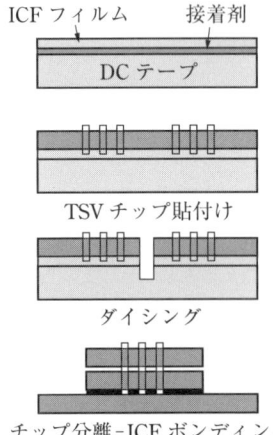

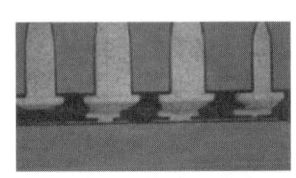

(a) NCF-DCテーププロセス

(b) フラックス濃度の影響

図8-10 ICF付きダイシングテープ[6]

8.3 3Dチップの保護用インターチップフィル

NCFとDCテープが良好に剥離しないといけないので，接着剤によってNCFの接着力の調整が行われている。またNCF中にはフラックスを含有させるが，その濃度で図(b)のように接続状態が大きく変わることが確認された。

　半導体の製造プロセス中でチップボンディングはかなり時間のかかる工程とされている。個別チップの加熱にもある時間が必要になる。装置メーカーの東レではNCFを使った高速ボンディングを発表した[7]。従来はチップ1個ずつボンディングヘッドの加熱，冷却を繰り返していた。しかしこの方法では工程を2段に分け，プリボンドではNCFを塗布した基板を80℃に保ち，ヘッドは150℃で0.5秒チップを基板上に圧着した。NCFは軟化していてチップを固定する。テストチップの状態は図8-11に示すが3D積層用の100μm厚でバンプは径38μm，ソルダーはCuSnAg，高さは45μmでセミピラーバンプである。

　基板側は20μmのCuパッドでソルダーレジストに囲まれている。NCFの厚さは40μmなのでパッドは露出していない。チップをプリボンドした基板は室温で保存可能である。メインボンドはプリボンドした基板を加熱し，はんだを熔解して固定するが，基板は240℃に保ち15個のチップを240℃に保った大型のボンディングヘッドで，同時に240℃で20秒加圧する。実験では45個のチップを搭載した基板を使った。メインボンドは1時間に2,700チップのボンディングが可能で生産性が大きく向上した。ボンディング後のバンプの状態は図8-11(b)に示すように良好であった。

　ペースト状のNCP (Non Conductive Paste) を利用したチップ積層法について，

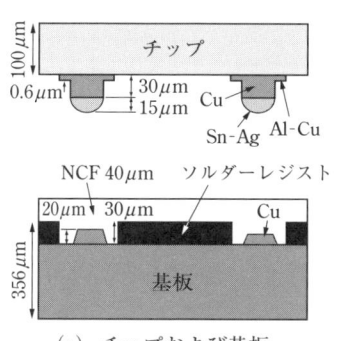

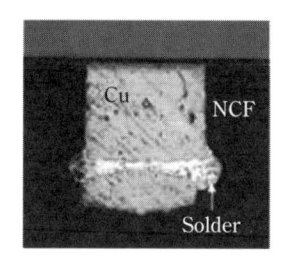

(a) チップおよび基板　　(b) ボンディング後バンプ断面

図8-11　全面NCF同時ボンディング[7]

第8章 3D用マイクロバンプ，チップフィル，実装材料

IBMと3Mが発表したアイデアを図8-12に示す[8]。チップ上に滴下したNCPに別チップを載せ，加圧，加熱してボンディングさせ，次々にチップを載せて積層していく。夢のようなアイデアともいえるが，実際にもある程度は実験されたようでチップ積層した断面も発表している。100枚チップの積層も可能と報告しているが，実行するには多くの問題が考えられる。しかし両社とも高い技術力を持っているので研究を進めていると思われる。3Dの将来を期待させるアイデアであろう。

（a）チップの順次積層

（b）LSIチップにNCPを滴下

図8-12 超多層3Dチップ積層構想[8]

8.4　3D，2.5D用実装材料の開発

3D，2.5D，2.1D時代には，従来半導体パッケージ用ポリマーの主役であったエポキシ樹脂，シリコーン（Silicone）に加えてより高性能で信頼性の高い，物理的，電気的特性のよいポリマーが要求されている。パッケージからの要求は熱膨張係数がSiに近く，反りの問題を回避できること，高周波信号のロスが小さいこと，線幅/間隔（L/S）が微細にできること，表面が平坦でCuとの接着力が強いこと，吸湿性が小さいことなど多岐にわたる。

過去数年間種々のポリマーがこの課題に挑戦してきた。日本の半導体メーカーが好調ではないなかで，日本の材料メーカーの技術レベルは高く，この分野では

122

8.4 3D, 2.5D用実装材料の開発

世界の実装技術を支えている。最近の3D-2.5D構造では材料への要求が一段と高くなり，材料開発が急速に進行していると感じられる。新材料についてはすでに各章で取り上げたが，そのほかの材料メーカー各社の，開発中も含めたポリマー材料について調べてみよう。

Zeonではシクロオレフィンポリマー（COP：Cycloolefin Polymer）を提供し，GITと協力してパッケージへの応用を進めている[9]。COPベースの基板は誘電率が3.4，tanδが0.0045，最小線幅が4μm/4μmでCuめっき時の表面Ra＜100nm，ピール強度7N/cmで吸湿性が少なく，熱膨張係数が17ppm/℃（フィラー密度75％の場合）と小さい。図8-13(a)にCOPベース材とエポキシベース材の80℃15分のデスミア（表面清浄化処理）後の表面状態を比較して示す。

COP材は平滑で表面の凹凸を示すRaはエポキシ600nmに対して，COP80nmである。また図(b)はセミアデティブプロセスで作成したCu配線の断面を示す。COPは断面が平滑なので表皮効果が少なく，伝送損失が小さい。伝送損失s21は20GHzの測定で，エポキシベース－4.5dBに比べて－2.57dBとほぼ50％になっている。またワイドIOなどで必要な微細配線作成が可能である。図(c)はCOP上に作成したL/S＝4μm/4μm，厚さ8μmのCu配線である。

ポリマーの熱膨張係数がSiに比べて大きいことが，パッケージ設計上の重要問題であるが，東洋紡ではXENOMAXと呼ぶ低熱膨張係数ポリイミドを開発した。一部の基板メーカーがこれを採用し，2.5D，2.1Dへの応用の可能性を検討

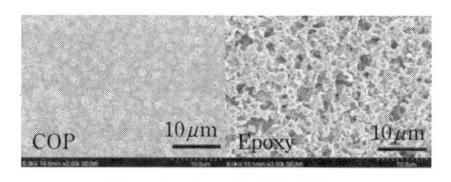

(a) デスミア後表面状態

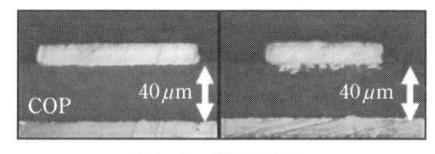

(b) Cu配線断面

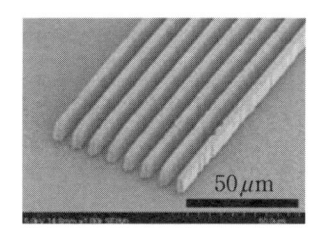

(c) L/S＝4μm/4μm Cu配線

図8-13　COPベース材の表面状態とCu配線[9]

第8章 3D用マイクロバンプ，チップフィル，実装材料

して注目されている[10]。ポリイミドの種類は多いが，XENOMAXは硬い骨格構造を導入した。高弾性，低熱収縮とともに線熱膨張係数が極めて低く，Siとほとんど同じである。図8-14(a)にポリイミド，Si，CuとのCTEを比較する。広い温度範囲でCTEが低い。応用例として図8-15に基板構造を示す。コアとしてFR-4基材（ガラスクロス入りでCTEは17ppm）上に，ビルドアップ層としてXENOMAXのCTE3ppmをのせてワイドIOなどの3D用に検討されている。

総合的には基板のCTEが17ppmなので，Siとのミスマッチは残っているが，現行の基板より相当に小さくなっている。さらに次世代用にはコア層もXENOMAXのポリイミド積層板とすれば，CTE=3程度の理想的な基板ができる。問題としてはXY方向のCTEは小さいが，Z方向のCTEは100ppm程度とかなり大きく，

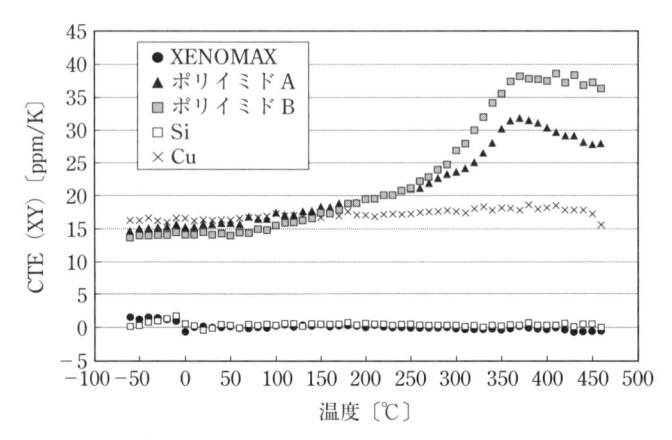

図8-14 XENOMAXと他物質のCTE比較[10]

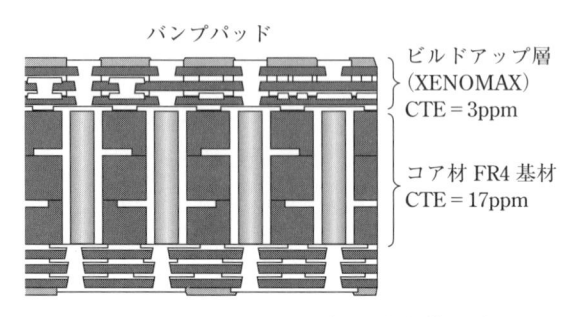

図8-15 XENOMAXを使った基板構造[10]

8.4 3D, 2.5D用実装材料の開発

Cu配線へのストレスなどを考慮した基板の構造を検討する必要がある。

積水化学では高周波での伝送損失低減を実現するために，低誘電正接と低表面粗度を目標に材料開発を行った。さらに微細な配線を製作するため，めっき時のセミアデティブ(SAP)適性としてビアの形成性，デスミア性，めっき密着性の改良を行った。エポキシ系の樹脂の構造を改良して樹脂の配向分極を抑制し，剛直性を付与した。結果として標準品に対して$\tan\delta$を60%低減した。表面粗度はデスミア時間を長くしても低粗度を保つことができた[11]。

図8-16(a)にデスミア後のCO_2レーザー開孔による径60 μmビアの形状を示す。Aは開発品，Bは従来品である。また図(b)は配線の断面を示すが，Aは開発品(Ra = 100 nm) Bは従来品(Ra = 350 μm)を示す。これらの結果として伝送損失s21がほぼ半分に低下した。その低下分は誘電損失によるものが20 GHzにおいて1.3 dB，表面粗度によるものが0.3 dBと2つの改良が効果をあげている。

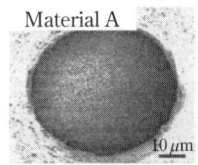

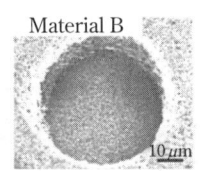

(a) デスミア後レーザー開孔
A：開発品，B：従来品

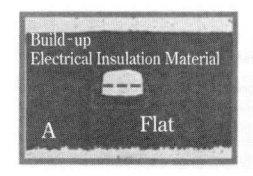

(b) 配線断面
A：Ra = 100 nm，B：Ra = 350 nm

図8-16 低伝送損失エポキシ樹脂[11]

すでに述べたように3D時代になって，マイクロバンプは小さく，ピラーバンプは高く，配線は微細化が進んでいる。これらに必要なフォトレジストも高性能化が必要になっている。JSRではネガ型厚膜レジストの高性能化に取り組んでいる[12]。フォトレジストのユーザーからは高解像度，パターン矩形性，高感度，塗布性，めっき液耐性，剥離性などの改良要求がある。レジストパターンと，Cu配線，バンプの例をあげると微細配線用パターンとしては図8-17(a)のように最小レジスト間隔2 μm，レジスト膜厚10 μm，配線は図(b)のようにCuめっき幅が2 μm，厚さ5 μmの微細化が可能になっている。またピラーバンプ用には最小サイズとして図(c)のようにレジストの径20 μm，膜厚65 μmで図(d)のバンプ厚さはCu：40 μm，Ni：3 μm，SnAg：15 μmの3層になる。

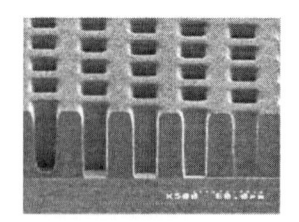

第8章 3D用マイクロバンプ，チップフィル，実装材料

マイクロバンプ用としては最小サイズの，min穴径6μm，膜厚25μmのレジストで径6μmのバンプが可能になった。典型的なバンプはCu：12μm，Ni：2μm，SnAg：5μmの3層構造が多い。レジストの実力としては，2μmの配線幅は充分可能といえるが，基板配線の場合はCuと基板の接着力と平滑性が制限になっている。基板の実用的な配線幅はすでに述べたように，最小5μm前後が使われている。なお2μm配線のレジスト処理条件はプリベーク90℃5分，露光はi線ステッパーで，現像60秒，リンスは23℃の超純水で60秒，めっき後のレジスト剥離は25℃15分となっている。

(a) 2μmレジストパターン　　(c) 径20μmレジストパターン

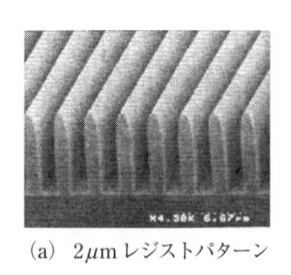

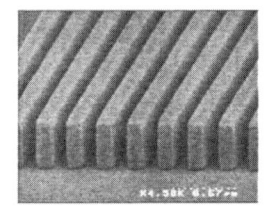

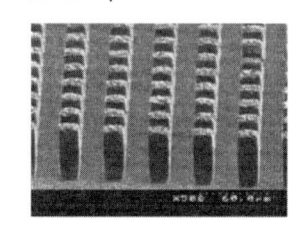

(b) 2μm Cu配線　　(d) 径20μmピラーバンプ

図8-17　フォトレジストパターンとCu微細配線，3層ピラーバンプ[12]

ADEKAでは実装材料としてインターチップシート（同社では有機接着シートと呼んでいる）と放熱シートを開発している[13]。インターチップフィル材の熱膨張係数は通常かなり大きく，チップとのミスマッチを防ぐために，エポキシ樹脂にシリカなどのフィラーを40％程度入れて，32ppm程度となっているが，フィラーによっては接続不良が発生する。またノンフィラーでは70ppmとなり，やはり問題になる。ADEKAではノンフィラーでエポキシと多官能ポリアミドを加えて45ppmとし，さらにモノマー樹脂を加えて接着性，耐湿性を向上させCTE

8.4 3D, 2.5D用実装材料の開発

は38ppmまで低下させることに成功した。

　放熱接着シートは最近パワーデバイスやLEDなどの実装に注目されているが, 3D分野においてもCPUなどの放熱に対しても有効である。放熱性改良のためにはフィラーの充填が必要であるが, フィラーの種類, フィラーの粒径, 大小の粒径による細密充填に加えてポリマーの設計が重要である。図8-18(a)に示すように, 1.6W/mKの熱抵抗に対して円形フィラーを使用する改良によって12W/mKの放熱性を実現した。

(a) 不定形フィラー, 1.6W/mK　　(b) 円形フィラー, 12W/mK

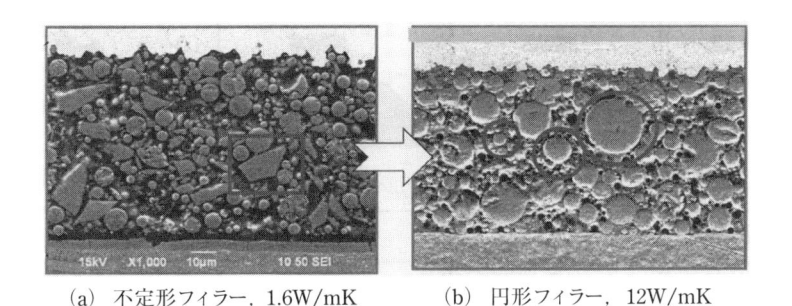

図8-18　放熱シート中のフィラー[13]

　三菱ガス化学のBTレジンはパッケージ基板として有名であり, 広い分野で採用されているが3D, 2.5D時代ではさらに基板の薄型化, 低熱膨張化(反りへの対応), 高熱伝導化などが要求されている。低熱膨張材については低熱膨張樹脂の

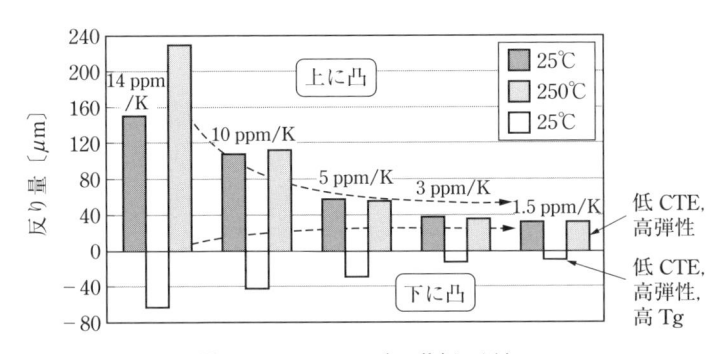

図8-19　リフロー時の基板の反り

検討，フィラーの高充填，低熱膨張ガラス基材の採用などの検討を行っている[14]。図8-19にソルダリフロー時の基板の反り状態を示す。一般に室温時には上に凸（クライイングと呼ばれる）高温時には下に凸（スマイリング）になる。

　BT低熱膨張標準材はCTE＝10ppm，曲げ弾性率は27GPa，改良品はCTE＝3ppm，34GPa，さらに最新製品（HL832NSI）はCTE＝1.5ppm，40GPaと低膨張になり，また高弾性化で反り量が少なく，高Tg（300℃）のため高温時でも高弾性で冷却時の変化がない。また高熱伝導基板についても，高熱伝導フィラーの高充填，樹脂の配向性，構造を改良し熱伝導率3W/mKの材料を開発している。

第8章　参考文献

1) K.Motomura（Panasonic）"Flip-Chip Interconnection by Pre-applied Under-fill Material using Copper Pillar Bumps" ICEP 2013, p.509.
2) M.Hoshiyama（Namics）"B-Stageable No-Flow Underfill for Fine Pitch Die to Substrate Packages" ICEP 2012, p.514.
3) S.Katsurayama（Sumitomo Bakelite）"High Performance Wafer Level Underfill Material with High Filler Loading" ECTC 2011, p.370.
4) T.Nonaka（Toray）"Development of Wafer Level NCF（Non Conductive Film）" ECTC 2008, p.1550.
5) K.Honda（Hitachi Chem.）"NCF for Pre-Applied Process in Higher Density Electronic Package Including 3D-Package" ECTC 2012, p.385.
6) K.Kikuchi（ASET）"3D package assembly development with the use of the dicing tape having NCF layer" ICEP 2013, TA1-2, p.114.
7) T.Nonaka（Toray）"High Throughput Thermal Compression NCF Bonding" ECTC 2014, p.913.
8) i-Micronews "IBM and 3M join forces to Develop a Silicon Skyscraper" 2011.
9) Y.Tateishi（Zeon）"New Build-up Insulation Material Based on Cycro-Olefin Polymer for High-Performance IC Package" IMAPS 2012, p.1.
10) 前田郷司（東洋紡）"高耐熱・低CTEポリイミドフィルムXENOMAXの実装分野への応用" 第25回長野実装フォーラム 2014.
11) 柴山晃一（積水化学）"高周波領域における低伝送損失を実現する絶縁基板材料" 第24回長野実装フォーラム 2013.

12) 猪俣克巳（JSR）"微細配線・バンプ形成用メッキレジストの開発"第23回長野実装フォーラム 2013,p.17.
13) 森貴裕（ADEKA）"高密度3D実装用樹脂シート材料の開発"第23回長野実装フォーラム 2013.
14) 染谷昌男（三菱ガス化学）"BTレジンCu張積層板の開発状況"第25回長野実装フォーラム 2014.

第9章
TSV関連の技術開発

9.1 TSVビア関連技術

　3D，2.5D半導体に関連する技術開発は世界的に極めて活発である。米国はIBM，ジョージア工科大学，SEMATECなどを中心に基本的なデバイス構造の開発を進め，欧州ではFraunhofer, IMEC, CAEが活発に製造技術開発を進めている。韓国，台湾では半導体の世界への供給とともに関連技術の開発も盛んである。日本の半導体はTSV技術に関しては世界の先鞭を切り，その後もASETなどを中心として研究施設が整備され，開発を続けているが，デバイス実用化についてはもう一歩の感がある。しかし3D，2.5Dの実装技術についてはASETを中心として

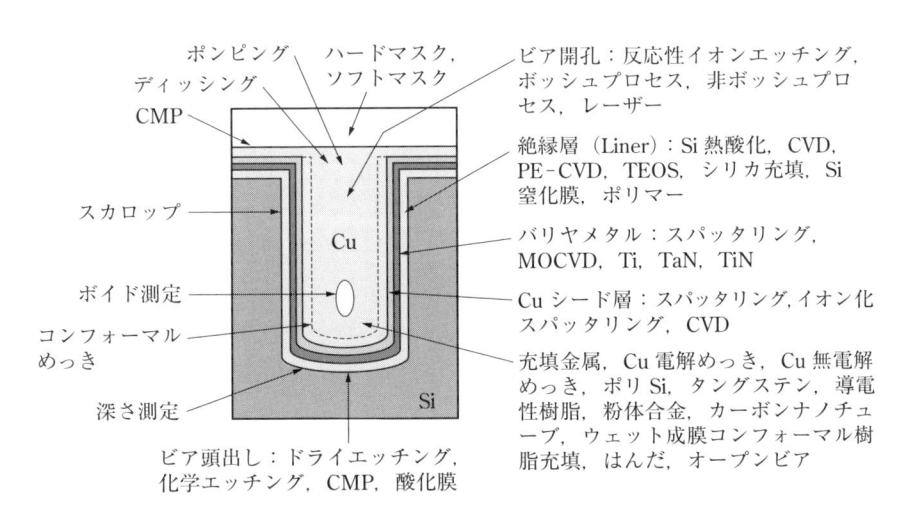

図9-1　TSVビアに関連する技術開発

長期間の蓄積があり，実装に必要な製造装置，金属材料，樹脂材料，薬品などについては世界でもトップレベルにあり，世界の3D, 2.5Dの開発を支えている。

米国IEEE学会の実装国際会議ECTCでは，毎年100件近い3D関連論文が発表されている。日本でも国際会議ICEPなどから毎年多くの発表がある。TSV関連の技術開発テーマを示すと，図9-1のようになる。多くはすでに解決されているといえるが，コストダウンなどの目的でいくつかはさらに検討が必要とされている。本章では最近の開発テーマで特に重要と思われ，注目されているテーマについて取り上げる。

9.2　粉体合金によるビアの充填

TSVのビアに充填する導体金属については，Cuの電解めっきが主流であるが，液体中での処理時間が長く，製造コストが高くなる。また処理時間を短縮するとボイドの発生や不十分な充填となり，TSVの問題点となっている。大阪大学とナプラはCuに代わる，Sn-Bi系合金システムによるビア充填法を開発した[1,2]。充填用合金としてはBi-Sn-Agを選んだ。これは固化時に膨張することでボイドを発生させないこと，低温での共晶がないことで選択した。

その形状は特殊な粉体合金であり，組成はBi-1.5% Sn-3% Agである。SnBiは低温で熔融するはんだの一種として知られており，140℃前後から一部が熔融し，液状化（液体と固体の混合状態，シャーベット状態とも呼ばれる）するので，200℃程度まで温度を上げながら真空中でプレス加圧して充填する。凝固すると金属間化合物の融点は268℃まで上昇する。固化した金属間化合物はTSVのボンディング時の250℃では熔解しない。

粉体合金の作成法の詳細は明らかではないが，熔解金属が真空プラズマ中で微粉化されると，固化したとき図9-2(a)に示すように結晶が細かくなり，ボイドが発生しないことが観測されているので，細いビアに充填されると思われる。ビアは12インチウエハを使い，径20μmで50μmの深さが標準であるが，実験では径0.8μmで深さ20μmの細ビアも充填可能であった。

充填後の抵抗率は5×10^{-5} Ωcm程度である。充填はめっきに比べて高速で，ウ

9.2 粉体合金によるビアの充填

エハ1枚を数分で完成する。充填金属はCuに比べて硬度が小さいので，熱膨張によるチップへのストレスが小さく，トランジスタに与える影響領域（Keep out Zone）を狭くできるので高密度集積にも適している。図(b)にビアの充填状態を示す。ASETによってビアミドルプロセスで，バンプまでを作成したものを図(c)に示す。

またナプラとASETは微粉体シリカを使ってビアの絶縁層を作り，ビアの高周波特性を向上させることに成功した。図9-3(a)のようにリング状のトレンチ（溝幅2〜30μm）に窒化Siを付けてから，微粉体の酸化Si（プラズマ中で作製と思わ

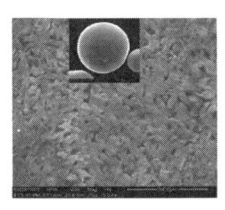

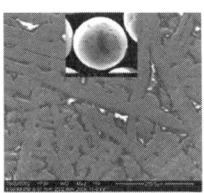

(a) 微粉体合金(左)と通常の粉末合金(右)

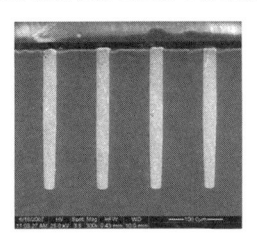

(b) ビア充填状態

(c) バンプ作成 TSV（ASET）

図9-2　粉体合金によるビアの製作[1),2)]

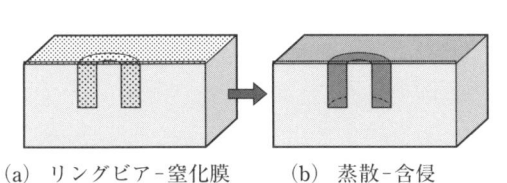

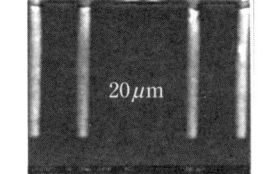

(a) リングビア-窒化膜デポ-シリカ充填
(b) 蒸散-含侵
(c) シリカ絶縁リング断面

図9-3　シリカ充填によるリングビア

れる）を充填し，図(b)の500℃以上の蒸散と呼ぶ工程を経て，熔融シリカを含侵，ベークさせて固化させる（詳細は未発表）。図(c)にトレンチの断面を示す。

別の方法としてトレンチ形ではなくやや太いビアにシリカを充填し，その中に細いビアを作って上記の合金を充填することも可能である。TSVは第4章に述べたように，F to F接続またはインターポーザのTSV容量（TSVと周囲のSiの間にある容量）による高周波特性の低下が問題になっている。このためシリカ絶縁による超低容量ビアは特性的に，また製造コスト的にも興味ある開発であり，実用化が期待される。

9.3　ポリマー充填ビア

TSVのビア内にポリマーを充填して特性改善，コストダウンをする試みはいくつか行われてきたが，必ずしもよい結果は得られなかった。STMicroでは直径が40～60μmのビア内に空気層を残して，ポリマーを部分的に充填する方法が開発され使用されてきた[3]。この部分充填プロセスは途中までビアラストプロセスを採用する。ビアラストプロセスでは，ウエハプロセスで表面配線層を完成後ガラスサポートを表面側に接着して，ウエハを裏面から120μmまで薄化しイオンエッチングで裏面から開孔する。

PECVDで2μmのSiO_2を付け，配線に接続するためビア底部をプラズマエッチングで除去し，バリヤとシード層を付けてパターニングする。次にCuめっきをするが60μmのビアにCuを充填するのは問題があり，めっき時間が長くてコストがかかること，めっきのビア表面の盛り上りの除去工程が必要なこと，TSV内の熱的ストレスが大きく信頼性の問題が起こる可能性がある。

このためCuめっきは充填せずにコンフォーマルとし，その膜のビアの外部の部分をそのままRDLとして利用する。次にめっきされたCu膜の上に液状のポリマーを，スピンオンで7μmの厚さのコーテイングする。ウエハを加熱してポリマーを硬化すると図9-4(a)のようにポリマー膜がビア表面を覆いビア内に空気が残留し，部分充填バンプになる。ビア上にバンプは作れないのでCu配線膜を延長し，オフセット位置にバンプ(図(c))を作る。

9.4 非充填オープンビア

　このプロセスはCuめっき時間が短く，CMPの必要がなく製作コストが安いので高く評価された。しかし問題点があることもわかってきた。まずビア内に空気を残しているので，薄いCu膜の酸化が起こり，抵抗値が上昇する。また温度変化によって空気が膨張し，ときにはビア上部を破りビア内部の酸化を進行させる。この問題を改良するためにポリマープロセスを改良した。厚さ$20 \sim 30 \mu m$のポリマーをスピンオン法でウエハに塗布する。

　この後，減圧して加熱するとポリマーの粘度は低くなりビア内の空気は排出されポリマーは図(b)のようにビア内に充填する。この際ポリマーの溶剤，温度，気圧を最適値に調整する。充填時ポリマーがビア内に入るので，ビア上の盛り上りは減少し，全体的に平坦になる。この平坦度は次のピラーバンプ作成にも影響する。感光性ポリマーを使うと次のバンプ用のRDL開孔も可能になる。このポリマー充填TSVの信頼性試験を行ったが耐湿性に問題は見られなかった。

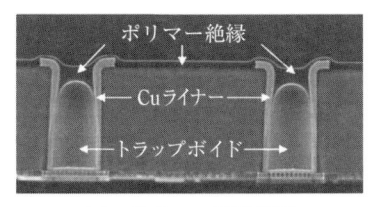

(a) ポリマー部分充填，内部ボイド

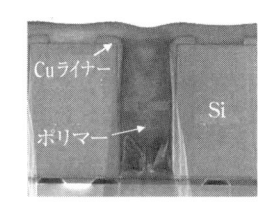

(b) ポリマー完全充填

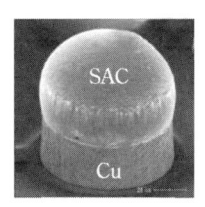

(c) SnAgCuピラーバンプ

図9-4　ポリマー充填TSV[3]

9.4　非充填オープンビア

　ビアの伝導体としてCu充填めっきを行うのが標準となっているが，電極の引出の用途も必要になり，その場合はビアをそれほど細くしなくてもよい。またビアを太くするとCuとSiの熱膨張係数のミスマッチからビアにストレスがかかり，信頼性を低下させる。ビアの深さが大きいとCuめっきが付きにくくなる。このため大型のビアは充填方法を考慮する必要があり，Fraunhoferでは何も充填しないオープンビア構造を検討した[4]。

第9章 TSV関連の技術開発

　下側はフォトセンサーチップで受光面積を広げるため配線層が裏面にあり，その上に，信号処理回路のCMOSの配線層を上にしてオキサイドボンディングする。オキサイドボンディングはセンサーチップの裏面にPECVDで酸化膜を付け，CMPで酸化膜面を平坦化し，N_2プラズマで活性化して酸化膜を接着する方法である。最後にTSVでセンサーチップとCMOSチップを接続する。このプロセスをTSVラストプロセスと呼ぶ。CMOSチップは250 μmに薄化されていて，ビア径は100 μmでアスペクト比2.5のやや大型のTSVである。TSVの概念図を図9-5(a)に示す。

　TSVビアはCMOSチップの配線側から，TSV領域の酸化膜をフォトエッチングで取り，ボッシュプロセスを用いてDRIEで開孔する。センサーチップとの接合面には酸化膜が存在するのでエッチングは止まり，図(c)のようにややノッチング（Si側への侵入）が発生する。ビア絶縁膜はPECVDによる酸化膜で，すでにチップ上にAlが存在するために350℃で堆積させる。次に反応性でないイオンエッチング（異方性エッチング）でビア底部の酸化膜を除去する。

　このとき，チップ表面の酸化膜もエッチングされる。バリヤとしてTi，TiNをスパッタし，タングステンを導体としてCVDで生成し，最後にSiO_2とSi_3N_4を絶縁膜として付ける。上記のTSV作成プロセスで図(b)，(c)に示すようにビアのエッジ部では，Alとタングステンの接続が良好になるようにプロセスの制御が重要である。オープンビアはタングステンと絶縁膜によって酸化などの問題がない。

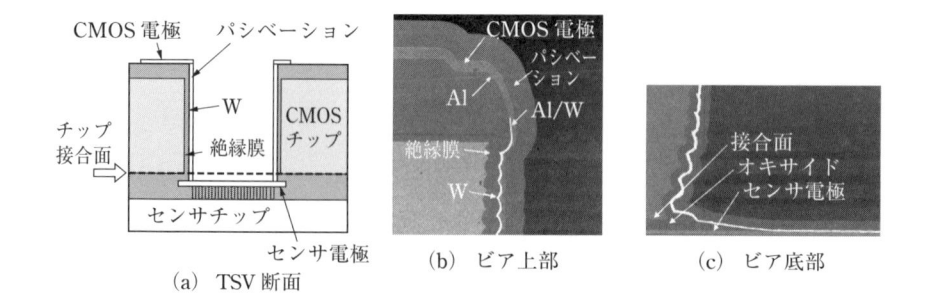

(a) TSV断面　　(b) ビア上部　　(c) ビア底部

図9-5　オープンビア[4]

9.5 ウェット成膜によるCuのビア充填

　TSVビアの導電体充填はCuの電解めっきが標準であるが，これがTSVのコスト高の原因という議論もあり，コンフォーマル膜，導電性樹脂など多くの代替技術が提案されている。2008年頃Alchimerの提案したelectrografting（電気化学的成長）は，特殊な薬液によって導電体，絶縁体など各種の膜をSi上に生成させる技術であり，日本でも検討が進められたが，種々の理由で実用化が見送られてきた[5]。
　2013年になってTSVの実用技術に影響力のあるCEA-Letiが，Cuの充填についてAlchimerと提携し，300mmウエハへの適用が再検討され，electrograftingが見直されている。この技術はアスペクト比20:1という細いビアへの充填も可能で製造コストも大幅に削減できるといわれる。またLSIのダマシン配線プロセスにも効果が大きいとされている。electrograftingは電気的な接木という意味であり，液体に電圧印加をすることで，薬液中に含まれる有機物のプレカーサー（先駆体）によって薬液中のナノサイズの物質が，導体または半導体の表面に成長する現象である。TSVに必要な絶縁物，バリヤ，シード，Cuの成長，充填が行える。
　現在の技術ではこれらの膜は充填（めっき）を除いて真空容器中で作られるので，ドライプロセスと呼ばれるが，electrograftingはすべてを液中で行えるためウェット成膜法と呼ばれる。シード膜の厚さは500～3,000nmまで制御可能であり，抵抗率は1～2μΩcmとなる。シード成膜後電解めっきで充填してもよい。図9-6(a)に絶縁膜，バリヤ，シード，コンフォーマル膜の断面を示す。絶縁膜はイオンエッチングで生じたスカロップの凹凸を埋めて成長する。また図(b)はCuが充填された5×25μmのビア断面を示す。

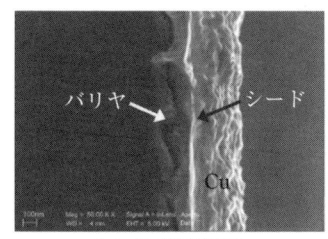

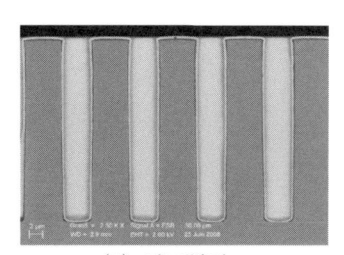

(a) 生成膜断面　　　(b) ビア断面

図9-6　エレクトログラフティング[5]

9.6 スカロップフリーとポリマー蒸着

　3Dおよび2.5DのSiビアの開孔は標準的にはボッシュプロセスで行われる。これは減圧下での反応性エッチングとイオンエッチングの繰り返しによって，反応ガスを切り替えながらSiに垂直なビアを開けていく方法である。そのためビア内壁にはスカロップと呼ばれる細かい凹凸が発生するが（2.1節図2-1），反応ガスを高速で切り替えることで，スカロップは数10nm程度と小さくなり，その後のプロセスにはほとんど影響しないと考えられている。

　これに対して，スカロップの生じない，イオンエッチングのみで開孔する装置（非ボッシュプロセスまたはスカロップフリーとも呼ばれる）は数社で開発されているが，加工速度の問題があるともいわれている。両システムとも装置の改良で性能を向上させる技術開発を行っている。

　Ulvacではスカロップフリープロセスについて検討し，TSVの特性向上とコストダウンを目指している[6]。ICP（誘導結合プラズマ）装置で，ガス圧などのパラメータを変化させるとビア壁の傾きが変化するので，ビア形状を変えることが可能である。図9-7(a)に示すがビア壁の傾きを＋（ビアが先細り）にすると，次工

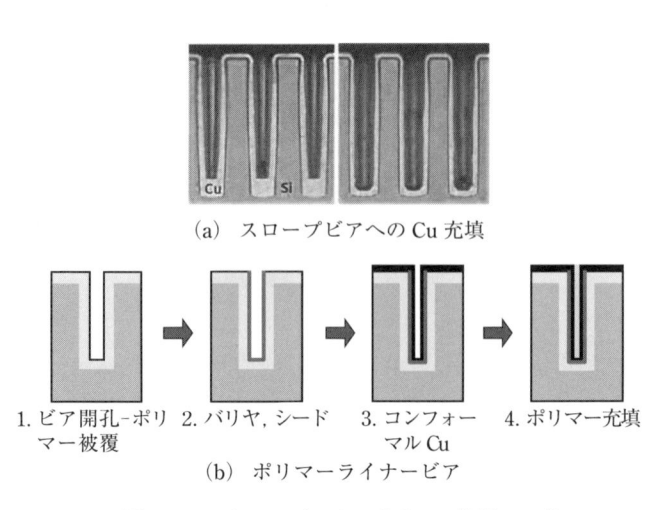

(a) スロープビアへのCu充填

1. ビア開孔-ポリマー被覆　2. バリヤ, シード　3. コンフォーマルCu　4. ポリマー充填

(b) ポリマーライナービア

図9-7　スカロップフリーポリマー絶縁TSV[6]

程のCuめっき速度が2倍程度まで速くなり，めっき工程のコストダウンにつながる。ビア形状がめっき成長を促進させると思われる。またビアのサイズを10～30μmでアスペクト比を10と仮定すると，ボッシュ法ではスカロップの凹凸が100nm以下にするのは難しい。

　TSVに高周波信号が流れることを考えると，スカロップがあると表皮効果のためにインピーダンスが増加する。Ulvacの提案は，TSVの作成工程として図(b-1)に示すようにビアの絶縁膜（ライナー）として標準的なSiO_2でなく，ポリ尿素樹脂(polyurea)を蒸着でコートする。このポリマーは100℃以下でコートでき，硬度も低いのでデバイスのストレスが減少し信頼性向上が期待できる。また図(b-4)のようにコンフォーマルめっき後，ポリマーをビア全体に充填することも可能である。すなわちこのTSV製作法は高周波特性のよいローコストTSVを製作できる。

9.7　Siパッケージによるコストダウン

　Siインターポーザは微細配線が可能なので2.5D構造には不可欠であるが，通常その下部に有機基板（サブストレート）を必要とする。インターポーザの厚さはTSV作成の必要性と，工程にかかるコスト面から100μm程度となっている。厚さ100μmのSiは機械的に弱く，基板がないと取扱いや信頼性試験に耐えられない。インターポーザを厚くするとTSV作成に高いコストが必要で実用的でないとされていた。

　この問題を解決しようとする試みがある[7]。3Dの実用化を目標にするCEAでは通常のICの厚さのSiウエハを使い，図9-8に断面を示すが，まずビアミドル方式で60μmの大口径ビアを，深さ180μmまでボッシュプロセスで開孔し，高温酸化膜とシード層の生成の後，短時間めっきでコンフォーマル層と表面RDLを同時に作りCMPは使わない。アスペクト比が2以下と小さいのでめっきは容易で，めっき液も標準組成で繰返し使用可能である。

　次にウエハをビア底部から15μmまで薄化し，裏面からビアラスト開孔し，めっきによって上下のビアを接続する。下部ビア径は10～40μmまで実験した。これをビアブリッジと呼ぶ。この用語はビアミドルとビアラストの両者の利点

139

をつなぐというイメージである。ビアの抵抗値は10mΩ以下であった。ビアはポリマーを充填し，上下にバンプを作成する。ポリマーで表面だけをカバーすることも可能である。

Siの厚さは200μmとなり，基板は使わずそのままパッケージとして使用する。さらに厚い300μmのパッケージも可能であり，この場合は上部ビア開孔を深くする。この構造ではめっきの短時間化，工程の簡略化と基板レスで2.1D構造用パッケージとして，かなりのコストダウンが見込めるのでその進歩に注目したい。

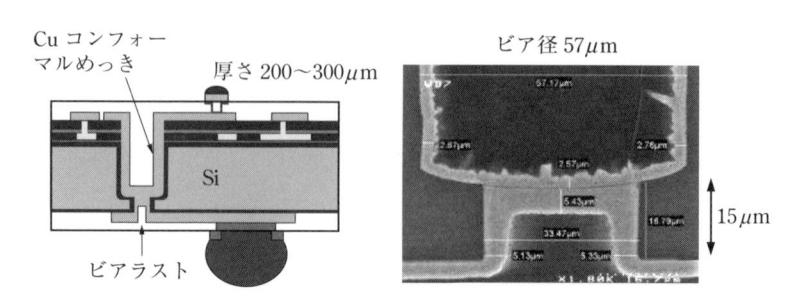

図9-8　シリコンパッケージ[7]

第9章　参考文献

1) A.Tsukada（Osaka Univ.）"Study on TSV with New Filling Method and Alloy for Advanced 3D-SiP" ECTC 2011, p.1981.
2) 関根重信（ナプラ）"TSV形成技術開発の問題克服" JIEP ASET 公開研究会, 2012.
3) M.Bouchoucha（ST Micro）"Reliability Study of 3D-WLP Through Silicon Via with Innovative Polymer Filling Integration" ECTC 2011, p.567.
4) J.Kraft（Fraunhofer）"3D Sensor Application with Open Through Silicon Via Technology" ECTC 2011, p.560.
5) C.Truzzi（Alchimer）"A Novel Approach to TSV Metallization based on Electrografting Copper Nucleation Layers" Manufacturing and Reliability Challenges for 3D ICs using TSVs, 2008.
6) Y.Morikawa（Ulvac）"Total Cost Effective Scallop Free Si Etching for 2.5D & 3D TSV Fabrication Technologies in 300mm Wafer" ECTC 2013, p.605.
7) Y.Lamy（CEA-Leti）"Through-Silicon-Via（TSV）for silicon package: "Via-Bridge" approach" IMAPS 2012, p.233.

索 引

■英数字

ASET	4
B to F	37
Bステージ	118
BCB	63
BEOL	11
BNUF	118
BTレジン	127
BVR	16
C to C積層	30
C to W積層	32
CMOS-LSI	11
CMP	10
CMPレスプロセス	102
CO_2レーザー	94
COP	123
CoWoS	66
CPW	76
CTE	37
DDR	46
DDR3	46
DDR4	46, 49
ECTC	5, 132
electrografting	137
ESC	117
F to B接続	56
F to F	37
F to F接続	56, 73
FEDM	96, 105
FEOL	11
FPGA	64
FR-4	124
GCB	91
HBM	67
HMC	71
ICEP	5, 132
ICFテープ	120
ICP	138
IDM	26
IMAPS	5
IMC	114
IPAC	109
IZM	5
JEDEC	48
JIEP	5
Keep out Zone	133
KGD	30
L/S	80
low-k配線	22
MEOL	26
NCF	68, 117
NCP	117
OBAR	118
OSAT	27
PBO	103
PCE	91
PECVD	77
PoP	3
SCF	99
Si酸化膜	10
Sn-Bi系合金システム	132
SoC	52
TEOS酸化膜	34
TGV	84
TPV	75
TSV領域	68
UBM	104, 116
W to W	22
W to W積層	34
WL-NCF	119
WOW	25
2Dチップ	76
2次元デバイス	54
2.5DワイドIO	59
3D W to Wインテグレーション	37

141

索　引

■あ　行

アスペクト比 ………………… 4
頭出し ………………………… 14
アブレーション ……………… 92
アルカリフリーガラス ……… 86
アンダーフィル ……… 33, 42, 117

イオンエッチング …………… 10
インターチップシート ……… 126
インターチップフィル ……… 117
インターポーザ …………… 41, 59
インピーダンス整合 ………… 73

ウェット成膜法 ……………… 137
ウエハ径 ……………………… 6
ウエハサポート ……………… 32
ウエハプロセス …………… 4, 11

エキシマレーザー …………… 92
エッチングストップ ………… 21
エポキシ樹脂 ………………… 37
円錐形 ………………………… 97

大型パネル …………………… 104
オールウェットプロセス …… 100
オキサイドボンディング …… 136
温度差ボンディング ………… 42

■か　行

化学エッチング ……………… 90
加工時間 ……………………… 93
活性化処理 …………………… 100
ガラスインターポーザ ……… 84
ガラスクロス ………………… 82
ガラスパッケージ …………… 107
感光性ガラス ………………… 90
感光性ポリイミド …………… 105
感光性ポリマー ……………… 135
貫通型 ………………………… 97

キラーアプリ ……………… 7, 45
金属間化合物 ………………… 132

グラフィック ………………… 67
グローバル配線 ……………… 14

結晶化ガラス ………………… 90
結晶粒界 ……………………… 16

コイル ………………………… 109
高周波特性 …………………… 85
高性能メモリシステム ……… 73
光弾性測定 …………………… 96
剛直性 ………………………… 125
高熱伝導フィラー …………… 128
極薄ガラス …………………… 84
コンフォーマル …… 20, 98, 134

■さ　行

サーバー ……………………… 68
材料メーカー ………………… 122
サブストレート ……………… 107
サプライチェーン ……… 6, 26, 55
サポート ……………………… 16
酸化膜 ………………………… 11

シード層 ……………………… 10
シクロオレフィン …………… 87
システムパッケージ ………… 108
充電回数 ……………………… 47

スカロップ ……………… 10, 139
スカロップフリー …………… 138
ストレス …………………… 94, 96
スパッタリング ……… 17, 91, 98
スピンオン法 ………………… 135
スマートフォン …………… 8, 45
スマホ用半導体 ……………… 55
スラリ ………………………… 19

製造期間 ……………………… 54
製造コスト …………………… 54
セミアデティブ ……… 82, 116, 123
全面充填 ……………………… 98

増感剤 …………………… 90	ノッチング …………………… 136
挿入損失 …………………… 87	
ゾルゲル …………………… 99	■は 行
ソルダーレジスト ………… 121	ハイエンドPC …………………… 68
	配線層 …………………… 10
■た 行	ハイブリッドボンディング ……… 33
ダマシンプロセス ………… 63	パイレックスガラス …………… 86
タングステンプラグ ……… 103	薄化 …………………… 16
端子配置 …………………… 68	バス …………………… 46
	パッシブチップ …………………… 62
チップスタック …………… 72	撥水性 …………………… 34
チップファースト ………… 42	パッド …………………… 19
チップボンディング ……… 121	パネル形状 …………………… 106
チップラスト ……………… 42	バリヤ層 …………………… 10
超ワイドバス …………… 57, 68	はんだ金属 …………………… 116
	バンド幅 …………………… 46
低インピーダンス ………… 47	バンプ配置 …………………… 50
抵抗率 …………………… 62	
ディッシング ………… 18, 82, 101	非TSV …………………… 31
デスミア …………………… 123	非TSVチップ …………………… 38
デスミア処理 ……………… 84	非TSVプロセッサ …………… 59
デブリ …………………… 92	ビアアフタースタック …… 25, 36
添加剤 …………………… 99	ビアの突出 …………………… 15
伝送周波数 ……………… 57	ビアファースト …………………… 12
テンプレート ……………… 30	ビアフィリング …………………… 10
電力消費 ………………… 47	ビアブリッジ …………………… 139
	ビアミドルプロセス …………… 9
導体充填 ………………… 85	ビアラスト …………………… 12, 20
ドライプロセス …………… 137	ヒートサイクル …………………… 38
トランジスタ …………… 9, 11	ヒートシンク …………………… 74
トレンチ ………………… 133	ピール強度 …………………… 83
トレンチキャパシタ ……… 24	微細加工技術 …………………… 1
トレンチファースト ……… 24	微細配線 …………………… 80
	微細配線性能 …………………… 79
■な 行	微細配線能力 …………………… 85
鉛フリーはんだ ……… 42, 116	微粉体シリカ …………………… 133
	非ボッシュプロセス …………… 138
熱酸化膜 ………………… 23	表皮効果 …………………… 123, 139
熱ストレス ………………… 95	表面粗度 …………………… 125
熱伝導率 ………………… 88	表面配線 …………………… 60
熱放散構造 ……………… 74	ピラーバンプ …………………… 116
熱膨張係数 …………… 37, 85	

143

索　引

ファウンドリ ································ 13, 26
ファブレス ··· 27
フィラー ···························· 82, 126, 127
フィレット ······································· 118
フェムト秒レーザー ·························· 93
フォトリソ ······································· 103
歩留り ··· 54
部品内蔵型 ····································· 109
フューチャーサイズ ··························· 1
ブラインドビア ································ 97
プラズマエッチング ························ 16
フラックス ······································· 117
フリップチップ ································· 3
プリフエッチ ···································· 46
プリプレグ ·· 83
プリベーク ····································· 126
プリボンド ····································· 121
プルテスト ·· 98
フロアプラン ···································· 50
フロートプロセス ···························· 86
プロセッサ ·· 46
粉体合金 ··· 132
分布定数回路 ····························· 56, 62

ペースト充填 ·································· 100
ヘテロジニアス ································ 66

ボイド ··· 10
硼硅酸ガラス ···································· 85
放電加工 ··· 96
放熱器 ··· 40
放熱構造 ··· 39
保護膜 ··· 17
ポストキュア ·································· 118
ボッシュプロセス ···························· 10
ホモジニアス ···································· 66
ポリSi ······························· 12, 23, 75
ポリ尿素樹脂 ·································· 139
ポリマー ······························· 122, 134
ポリマー絶縁層 ································ 75
ポリマー層 ····································· 104

ボンディング ·································· 114

■ま 行
マイクロクラック ······················ 92, 93
マイクロバンプ ······························ 114
前塗布ボンディング ······················ 118

ムーアの法則 ····································· 1

メタルキャップ ································ 40
めっき充填 ·· 14
メモリキューブ ································ 72
メモリリペア ···································· 73

モバイル用2.1D ···························· 106
盛り上り ··· 101

■や 行
有機インターポーザ ······················· 64
有機基板 ··· 79
誘電率 ··· 123

■ら 行
ラミネート ····································· 106

リフロー温度 ···························· 42, 114
両面インターポーザ ······················· 76
リング構造 ·· 23

冷却構造 ··· 39

ロールツーロール ··························· 86
露光用プロジェクタ ····················· 107

■わ 行
ワーページ ··························· 37, 89, 114
ワイドIO ··· 47
ワイドIO2 ······································· 49
ワイドバス ·· 47
ワイヤボンディング ························· 2

144

【著者紹介】

傳田精一（でんだ・せいいち）　工学博士
　　学歴　信州大学工学部卒業
　　職歴　通産省電気試験所主任研究官
　　　　　サンケン電気常務取締役
　　　　　コニカ常務取締役
　　　　　エレクトロニクス実装学会名誉顧問
　　　　　長野県工科短大客員教授
　　　　　長野実装フォーラム名誉理事

半導体の高次元化技術　貫通電極による3D/2.5D/2.1D実装

2015年 4月20日　第1版1刷発行　　　　ISBN 978-4-501-33090-3 C3055

著　者　傳田精一
　　　　Ⓒ Denda Sei-ichi 2015

発行所　学校法人 東京電機大学　　〒120-8551　東京都足立区千住旭町5番
　　　　東京電機大学出版局　　　　〒101-0047　東京都千代田区内神田1-14-8
　　　　　　　　　　　　　　　　　Tel. 03-5280-3433（営業）　03-5280-3422（編集）
　　　　　　　　　　　　　　　　　Fax. 03-5280-3563　振替口座 00160-5-71715
　　　　　　　　　　　　　　　　　http://www.tdupress.jp/

[JCOPY] <（社）出版者著作権管理機構 委託出版物>
本書の全部または一部を無断で複写複製（コピーおよび電子化を含む）することは，著作権法上での例外を除いて禁じられています。本書からの複製を希望される場合は，そのつど事前に，（社）出版者著作権管理機構の許諾を得てください。また，本書を代行業者等の第三者に依頼してスキャンやデジタル化をすることはたとえ個人や家庭内での利用であっても，いっさい認められておりません。
［連絡先］Tel. 03-3513-6969，Fax. 03-3513-6979，E-mail: info@jcopy.or.jp

印刷：三立工芸㈱　　製本：渡辺製本㈱　　装丁：大貫伸樹
落丁・乱丁本はお取り替えいたします。　　　　　　　　　　Printed in Japan

東京電機大学出版局 出版物ご案内

理工学講座
アンテナおよび電波伝搬

三輪進・加来信之著　　A5判　176頁

電波放射の基本，アンテナの諸特性，電波の伝搬形態，大地・建物・大気・電離層等が及ぼす影響，応用面での伝搬に重点を置いて解説。

理工学講座
基礎 電気・電子工学　第2版

宮入庄太・磯部直吉ほか監修　　A5判　304頁

機械・土木・建築・化学などの分野においても電気の技術を身につけておく必要が高まってきている。これらの基礎教科書として，広範囲を網羅的に解説。

情報通信基礎

三輪進著　　A5判　168頁

情報の通信技術について，おもに通信に関連の深い項目を精選して解説。解説と関連図表を見開きで掲載。練習問題によって知識が身につく。

電気・電子の基礎数学

堀桂太郎・佐村敏治ほか著　　A5判　240頁

電気・電子に関する専門知識を学んでいくためには，数学の力が不可欠となる。高専や大学などで電気・電子を学ぶ学生向けに必要な数学を解説。

アナログ電子回路の基礎

堀桂太郎著　　A5判・168頁

アナログ電子回路について，高専や大学のテキスト向けに解説。姉妹書の「ディジタル電子回路の基礎」により，電子回路の基礎事項を学習できる。

ディジタル電子回路の基礎

堀桂太郎著　　A5判・176頁

ディジタル電子回路について，高専や大学のテキスト向けに解説。姉妹書の「ディジタル電子回路の基礎」により，電子回路の基礎事項を学習できる。

電子戦の技術　基礎編

デビッド・アダミー著
河東晴子ほか訳　A5判　380頁

電子戦とは電波・電磁波を活用した軍事活動の総称。現代の戦争において重要なレーダー技術と無線通信技術に関する解説書。

電子戦の技術　拡充編

デビッド・アダミー著
河東晴子ほか訳　A5判　376頁

基礎編で扱わなかった新しい項目について解説し，練習問題と詳解を掲載。用語も収録し「現場で使える実学性」を重視。

＊定価，図書目録のお問い合わせ・ご要望は出版局までお願いいたします。
URL　http://www.tdupress.jp/

DA-011